1時間でわかる

エクセル

ピボットテーブル

［改訂2版］

木村幸子 著

技術評論社

本書について

しくみを理解してピボットテーブルを使いこなそう！

あなたはピボットテーブルを使っていますか？

日頃からエクセルを活用しているビジネスパーソンでも、ピボットテーブルを使ったことがないという人が少なくありません。もしそうなら、非常にもったいない話です。集計には、ぜひピボットテーブルを使いましょう。特に、重要なシステムデータにアクセスする権限を持つマネージャークラスの人にこそ、ピボットテーブルの高度な集計機能は、大いに威力を発揮します。

ただしピボットテーブルの使い方にはルールがあります。いきなり使ってみるのではなく、まずしくみと操作のコツを頭に入れることが肝心です。

それには本書が役立ちます。この本は、ご覧の通り「縦書き」です。従来のパソコン書は横書きですが、本書は、移動中の乗り物の中でも気軽に読んでもらえるように、あえて縦書きのスタイルにしました。また、横書きのパソコン本が操作の解説を目的とするのに対して、この本では、ピボットテーブルのしくみを解き明かすことに重点を置いています。

本書を読めば、ピボットテーブルの構造、特に一般的なエクセルの集計機能との違いについて理解できます。しくみをきちんと理解した上で、ピボットテーブルの作成方法からさまざまな集計のしかたまでを学習すれば、その知識は皆さんの中にしっかりと根を下ろすことでしょう。

「1時間でわかる」というタイトルの示す通り、ピボットテーブルでできることとそれを実現するためのルールやしくみを、短時間で理解できるように作りました。この本を読んでピボットテーブルのしくみを理解し、ライバルに差を付けてみませんか？

２０２２年1月　木村幸子

※本書はエクセル２０２1、２０19、２０16およびマイクロソフト３６５を対象としています。

Contents

Chapter 1 期待通りのピボットテーブルを作成するための条件

Chapter 2

ピボットテーブルの原理と構造を知ろう

[サンプルデータダウンロード]

本書内で解説しているサンプルは以下のURLからダウンロードできます。

https://gihyo.jp/book/2022/978-4-297-12693-3/support/

[免責]

本書に記載された内容は、情報の提供のみを目的としています。したがって、本書を用いた運用は、必ずお客様自身の責任と判断によって行ってください。これらの情報の運用の結果について、技術評論社および著者はいかなる責任も負いません。

本書記載の情報は、2022年1月現在のものを掲載していますので、ご利用時には、変更されている場合もあります。

また、本書はWindows 11とExcel 2021を使って作成されており、ソフトウェアはバージョンアップされる場合があり、本書での説明とは機能内容や画面図などが異なってしまうこともあり得ます。本書ご購入の前に、必ずバージョン番号をご確認ください。OSやソフトウェアのバージョンが異なることを理由とする、本書の返本、交換および返金には応じられませんので、あらかじめご了承ください。

以上の注意事項をご承諾いただいた上で、本書をご利用願います。

[商標・登録商標について]

本書に記載した会社名、プログラム名、システム名などは、米国およびその他の国における登録商標または商標です。本文中では™、®マークは明記しておりません。

Chapter

1

期待通りのピボットテーブルを作成するための条件

Section 01

「ピボットテーブルはとても便利」といわれる理由

ピボットテーブルとは「クロス集計表」を作るツール

「ピボットテーブルを使うと便利」——業務でエクセルを使っていると、よくこの言葉を耳にする。では、ピボットテーブルとはいったい何なのだろう。

ピボットテーブルとは、一言でいうと**クロス集計表**を効率よく作る機能のことだ。しかも単にクロス集計表を作成できるだけではない。作ったあとの集計表を分析する機能も充実している。

クロス集計表は、行と列の2方向に項目見出しを持ち、行と列の項目が交差（**クロス**）する位置にあるセルに合計などの集計値が置かれた表のことだ。

左ページの例では、「商品分類」が行の見出しであり、「地区名」が列の見出しとなっている。たとえば、「B地区」の「コーヒー飲料」の売上金額を調べるには、2つの項目見出しが交差する位置のセルを見ればよい。ピボットテーブルとは、日々の売上などを記録した表を元に、クロス集計表を手早く作成できる機能なのだ。

クロス集計表ってどんなもの？

列の見出し

商品分類	A地区	B地区	C地区	総計
ウーロン茶飲料	1,253,930	1,111,650	1,043,750	3,409,330
コーヒー飲料	4,482,780	3,486,990	3,367,390	11,337,160
ミネラルウォーター	4,041,080	3,628,960	3,561,160	11,231,200
紅茶飲料	2,864,300	2,065,140	2,057,260	6,986,700
合計	12,642,090	10,292,740	10,029,560	32,964,390

行の見出し

「B地区」と「コーヒー飲料」の売上金額の集計は、列の見出しと行の見出しがクロスするセルを見る！

One Point

- クロス集計表とは、行・列の項目が交差（クロス）する位置に集計値がある表のこと
- ピボットテーブルは、クロス集計表を作るツール

Section 02

クロス集計と通常の集計は何が違う

シートにおける集計は行・列のレイアウトが固定

では、「クロス集計表」と一般的なエクセルシートでの集計では何が違うのだろうか。まずは、一般的なシート上での集計機能がどのようなものかを確認しよう。

たとえば、担当者ごとに数量と金額を合計するケースを考えよう。それぞれの担当者のデータは、さらに商品別に合計を求めるものとする。これは、「データ」タブの「小計」機能を使えば、左ページのように集計でき、明細の間に、集計結果を表す行が挟まる形で表示される。このように、エクセルシート上での集計は、元の表に一時的な行を追加して合計値を表示するため、元の表のレイアウトをほぼ踏襲した形になる。

具体的にいえば、表には「日付」「担当」「商品名」……と列ごとに単一の要素が並び、数量の合計は「数量」の列に、金額の合計は「金額」の列にそれぞれ表示されている。つまり、求められた合計値は集計の対象となる列にそれぞれ配置される。

このレイアウトは、原則として崩すことはできないものだ。

エクセルシートで担当者別、商品別に集計すると…

商品別の売上合計

日付	担当	商品名	単価	数量	金額
2020/1/10	青山	すっきり烏龍	110	270	¥29,700
2020/3/3	青山	すっきり烏龍	110	220	¥24,200
		すっきり烏龍 集計		5,569	¥53,900
2020/4/1	青山	午後のミルクティー	110	567	¥62,370
2021/1/24	青山	午後のミルクティー	110	630	¥69,300
		午後のミルクティー 集計		2,455	¥131,670
2020/1/24	青山	まろやか紅茶	120	498	¥59,760
2020/2/18	青山	まろやか紅茶	120	476	¥57,120
		まろやか紅茶 集計		7,404	¥116,880
:	:	:	:	:	:
	青山 集計			49,704	¥5,857,710
2020/1/10	赤城	すっきり	110	289	¥31,790
2020/2/22	赤城	すっきり烏龍	110	145	¥15,950
:	:	:	:	:	:
	総計			277,649	¥32,964,390

担当者別の売上合計

数量の合計　金額の合計

One Point

- シートに集計用の行を追加するため、元の表のレイアウトに縛られる
- 合計は集計したい数字と同じ列に表示される

●ピボットテーブルなら列同士を組み合わせられる

では、ピボットテーブルの場合はどうだろう。12ページと同じ集計をピボットテーブルで求めてみると、左ページのようになる。

ピボットテーブルの特徴は、作成できる**集計表のレイアウトの自由度が高い**ことだ。これは元の表はそのままに、別のシートに集計表本体が作られるためだ。つまり、元の表のレイアウトに縛られずに済むのだ。

「行ラベル」と書かれたセルで始まる列を見てほしい。この列には担当者の名前のセルと、商品名のセルが混在している。まずひとりひとりの担当者のデータが来て、その下のセルには、その担当者の扱う商品の一覧が、先頭を一段下げる形で列挙されている。13ページの例では、担当者と商品名は別々の列に分けて入力されているが、ピボットテーブルでは、このように同じ列に組み合わせて配置できる。

次に、「数量の合計」と「金額の合計」という見出しの付いた列を見てほしい。それぞれ独立した列に集計結果が表示されることがわかる。明細を含まない集計値だけがコンパクトにまとめられ、集計の結果をまず知りたいときにはありがたい。

元の表の形式の制限を受けないことが、ピボットテーブルのメリットだ。

ピボットテーブルなら列同士を組み合わせた集計も可能

担当と商品名が同じ列に表示

	行ラベル	数量の合計	金額の合計
担当	青山	49,704	5,857,710
商品名	カフェオレ	2,237	268,440
	すっきり烏龍	5,569	53,900
	ビタミン天然水	8,716	1,045,920
	まろやか紅茶	7,404	888,480
	午後のミルクティー	2,455	270,050
	美味しいミネラル水	12,988	1,428,680
	無糖ブレンド	10,335	1,343,550
担当	赤城	39,935	4,709,190
商品名	カフェオレ	4,998	599,760
	カフェオレ無糖	5,330	639,600
	：	：	：
	総計	277,649	32,964,390

One Point

- 元の表に縛られない自由なレイアウトが可能
- 合計は専用の列を作って表示する
- 同じ列内に異なる要素も並べられる

●ピボットテーブルでは、何と何をクロスさせるのか？

クロス集計表では、行の見出し（左端の列）と列の見出し（一番上の行）にそれぞれ項目を置き、それらが交差する位置にあるセルに、集計結果が求められる。では、行と列それぞれの見出しには、どのような要素を配置すればよいだろうか。

行の見出しには**属性**を配置しよう。属性とは、**集計に使うキーとなる項目**のことだ。まず担当者ごとに集計し、さらに同じ担当者間で商品名ごとに集計するのであれば、「担当」と「商品名」が属性になる。

一方、列の見出しには**値**を配置したい。値とは、**集計の対象となる数値データそのもの**のことだ。左ページの例では、「数量」と「金額」の合計を求めるため、この２つが値になる。

行には『属性』を、列には『値』を指定する——まずはこの大原則を頭に入れておこう。なお、前述したように、ピボットテーブルのレイアウトは自由度が高く、実務においてはこの原則以外の配置も存在する。だが本書では、読者諸氏のスムーズな理解を助けるためにこのように定義したい。

ピボットテーブルは「属性」と「値」をクロスして集計

列の見出し = 値

行の見出し = 属性

行ラベル	数量の合計	金額の合計
青山	49,704	5,857,710
カフェオレ	2,237	268,440
すっきり烏龍	5,569	53,900
ビタミン天然水	8,716	1,045,920
まろやか紅茶	7,404	888,480
午後のミルクティー	2,455	270,050
美味しいミネラル水	12,988	1,428,680
無糖ブレンド	10,335	1,343,550
赤城	39,935	4,709,190
カフェオレ	4,998	599,760
カフェオレ無糖	5,330	639,600
：	：	：
総計	277,649	32,964,390

One Point

- 「属性」 ＝ 集計に使う項目 → 行に配置
- 「値」 ＝ 集計する数値 → 列に配置

Section 03

ピボットテーブルは、万人のための魔法のテーブルにあらず

システム出力データを管理者が分析する

ピボットテーブルで分析する内容には、適したデータとそうでないものがある。たとえば11ページの例のようなクロス集計表は、最初からピボットテーブルでの分析対象外だ。なぜなら、クロス集計表とは、それ自体がすでに統合・分析された結果だからだ。これをピボットテーブルでさらに分析する必要はないだろう。

ピボットテーブルでの分析に適しているのは、職場のコンピューターから日々アウトプットされる売上リストや営業記録などだ。「日付」、「商品名」、「単価」といった売上の明細が1行ずつ印刷されるリストのように、**システムが出力した膨大な生データこそが、ピボットテーブルの分析材料として最適**なのだ。

ただし、このようなデータにアクセスできるのは、部門の管理者クラスなど、ある程度の権限を持つ立場の人に限られる。ピボットテーブルは、部課長クラスの人にこそ積極的にマスターしてほしい機能なのだ。

ピボットテーブルは管理職が作るのが望ましい

売上記録リスト

日付	担当	分類	販売地区	商品名	単価	数量
2020/1/5	田中	コーヒー飲料	A地区	無糖ブレンド	130	526
2020/1/10	赤城	ウーロン茶飲料	B地区	すっきり烏龍	110	289
2020/1/10	田中	ウーロン茶飲料	A地区	すっきり烏龍	110	315
2020/1/10	青山	ウーロン茶飲料	C地区	すっきり烏龍	110	270
2020/1/12	赤城	コーヒー飲料	B地区	無糖ブレンド	130	498
:	:	:	:	:	:	:
2022/12/20	佐藤	紅茶飲料	A地区	まろやか紅茶	120	574

権限のある管理者がこのリストを元にピボットテーブルで集計

ピボットテーブル

行ラベル	数量の合計	金額の合計
青山	49,704	5,857,710
カフェオレ	2,237	268,440
すっきり烏龍	5,569	53,900
ビタミン天然水	8,716	1,045,920
まろやか紅茶	7,404	888,480
午後のミルクティー	2,455	270,050
美味しいミネラル水	12,988	1,428,680
無糖ブレンド	10,335	1,343,550
赤城	39,935	4,709,190
カフェオレ	4,998	599,760
カフェオレ無糖	5,330	639,600
:	:	:
総計	277,649	32,964,390

Section

04 ピボットテーブルの作成前にエクセルシートを確認しよう

元の表に求められるポイントとは?

ピボットテーブルの元の表には、システムが出力する単純データが望ましい。その理由を説明しよう。

元の表には、売上日などの日付データが必ずある。この日付データは、あくまでも「日付」として入力されている点が重要だ。たとえば「２０２２年1月10日」と表示された日付データが、エクセルで文字列とみなされてしまうと、日付順での並べ替えや日付としてのグループ化が正しく行われなくなってしまう。

また、商品名などの文字データは、同一の商品なら名称もまったく同じでなければならない。**漢字、ひらがな、カタカナといった文字の種類や半角・全角もすべて統一**しよう。少しでも異なるだけで、集計時には別モノとして扱われてしまうからだ。

コンピューターが機械的に出力したデータには、このような誤りが入る余地がない。つまり、**機械的なリストが理想的な元データ**なのだ。

元の表にはコンピューターが出力する単純データが最適

日付	担当	分類	販売地区	商品名	単価	数量
2020/1/5	田中	コーヒー飲料	A地区	無糖ブレンド	130	526
2020/1/10	赤城	ウーロン茶飲料	B地区	すっきり烏龍	110	289
2020/1/10	田中	ウーロン茶飲料	A地区	すっきり烏龍	110	315
2020/1/10	青山	ウーロン茶飲料	C地区	すっきり烏龍	110	270
2020/1/12	赤城	コーヒー飲料	B地区	無糖ブレンド	130	498
:	:	:	:	:	:	:

日付が文字列として入力されていない

（悪い例）
2022年1月10日

同じデータが省略されていない

（悪い例）
ウーロン茶飲料
〃

同一データは同じ表記に統一されている

（悪い例）
すっきりウーロン
すっきりｳｰﾛﾝ
すっきり烏龍

One Point

➔ コンピューターが生成したデータには、誤ったデータがなく正確で完全！

●集計したいデータを元の表で確認する

では、ピボットテーブルのラフスケッチを描いてみよう。これは、**行と列の見出しに何を置くかを明らかにして、何を基準にして集計するのか（属性）、どの数字を集計するのか（値）を確認**するためだ。

ここでは、とある清涼飲料水メーカーの売上データを元に、商品分類別に数量と金額を合計する。さらに、同じ商品分類の売上データは、販売地区ごとに合計の内訳を求める。以上を踏まえて、左ページ上の例のようなラフスケッチを描いてみた。

なお、ピボットテーブルの元の表では、列項目を**フィールド**と呼ぶ。「担当」フィールドには、担当者の名前だけが、「分類」フィールドには商品分類だけが、それぞれ並ぶように、**1つのフィールド（列）には、1つの内容だけ**が入力されるルールだ。

ラフスケッチを描き、ピボットテーブルに表示する「値」と「属性」が明らかになったら、それらの列（フィールド）が元の表に存在することを確認しよう。**元の表にフィールドがなければ、ピボットテーブルに表示することもできない**。ここでは、「分類」と「販売地区」が「属性」になり、「数量」が「値」になる。いずれも元の表に該当するフィールドがあるため、ピボットテーブルの作成には問題ない。

「属性」と「値」が元の表にあるかどうかをまず確認

ピボットテーブル（ラフスケッチ）

行ラベル	合計／数量	合計／金額
ウーロン茶飲料	X,XXX	X,XXX
A地区	X,XXX	X,XXX
B地区	X,XXX	X,XXX
C地区	X,XXX	X,XXX
コーヒー飲料	X,XXX	X,XXX
A地区	X,XXX	X,XXX
:	:	:
総計	X,XXX	X,XXX

属性　属性　値

元の表

日付	担当	分類	販売地区	商品名	単価	数量
2020/1/5	田中	コーヒー飲料	A地区	無糖ブレンド	130	526
2020/1/10	赤城	ウーロン茶飲料	B地区	すっきり烏龍	110	289
2020/1/10	田中	ウーロン茶飲料	A地区	すっきり烏龍	110	315
2020/1/10	青山	ウーロン茶飲料	C地区	すっきり烏龍	110	270
2020/1/12	赤城	コーヒー飲料	B地区	無糖ブレンド	130	498
:	:	:	:	:	:	:

元の表に「属性」と「値」の列がなければ
ピボットテーブルを作ることができない！

●計算で求めるフィールドも元の表に必要

ピボットテーブル上では、集計の対象となる数値データを**値**と呼ぶ。値には、セルに直接入力された数字だけではなく、計算式によって得られた結果も含まれる。

左ページのラフスケッチのように、これから作るピボットテーブルでは「数量」の合計と「金額」の合計を求めたい。この場合、「数量」は22ページで確認したように、元の表にあるフィールドを集計できるので問題ないが、問題は「金額」だ。23ページの例からわかるように、元の表には金額列が見当たらない。

このような場合は、シートに列を追加して、元の表に「金額」フィールドを作成しよう。セルに表示する個々の金額は、エクセルの計算式で求められる。1件目の金額欄に「単価のセル」×「数量のセル」となる式を入力し、ほかのセルにもそれをコピーすれば、個別に金額を求めることができる。これで、元の表に作成した「金額」フィールドを元にして、ピボットテーブルで売上金額を集計できるようになる。

なお、ピボットテーブル上でもフィールドを使ったオリジナルの計算式を作成することは可能だ。だが、これはあくまでもテンポラリーな用途で使う。個々の案件ごとの金額を恒常的に求めるには、やはり**元の表で計算して用意しておく**必要がある。

個別の「金額」欄は元の表に追加しておく

ピボットテーブル（ラフスケッチ）

行ラベル	合計／数量	合計／金額
ウーロン茶飲料	X,XXX	X,XXX
A地区	X,XXX	X,XXX
B地区	X,XXX	X,XXX
C地区	X,XXX	X,XXX
コーヒー飲料	X,XXX	X,XXX
A地区	X,XXX	X,XXX
:	:	:
総計	X,XXX	X,XXX

計算式で求められるフィールド（列）は
元の表に用意しておく

「金額」フィールドを元に
ピボットテーブルで集計

元の表

日付	…	分類	販売地区	商品名	単価	数量	金額
2020/1/5	…	コーヒー飲料	A地区	無糖ブレンド	130	526	68,380
2020/1/10	…	ウーロン茶飲料	B地区	すっきり烏龍	110	289	31,790
2020/1/10	…	ウーロン茶飲料	A地区	すっきり烏龍	110	315	34,650
2020/1/10	…	ウーロン茶飲料	C地区	すっきり烏龍	110	270	29,700
2020/1/12	…	コーヒー飲料	B地区	無糖ブレンド	130	498	64,740
:	…	:	:	:	:	:	:

「単価」×「数量」を計算し
個別の金額を求めておく

Section 05

こんなデータがあると集計できない元の表のNGを徹底チェック

●同じ属性のデータが複数列に入力されている

ピボットテーブルでは、元の表のレイアウトやデータのまとめ方に問題があると、やはり正しい集計はできなくなってしまう。左ページ上の例を見ていただきたい。1行目の項目見出しには、「日付」に続けて、担当者の名前が横に並んでいる。下の行には、それぞれの担当者が販売した数量が入力されているわけだが、これはピボットテーブルの元の表としては問題があるレイアウトだ。

元の表では、**同じ属性（フィールド）は同一の列に入力**しなければならない。1行目に入力された名前はすべて「担当」という属性の内容なので、同じ列に入力しなければいけないのだ。この表は、左ページ下の例のように作り変える必要がある。

まず「担当」という項目名のフィールド（列）を作成し、そこに担当者の名前を入力する。同様に、バラバラに点在している販売数は「数量」フィールドに入力する。これで**1属性＝1列**のルールが守られ、ピボットテーブルで集計できる。

同じ属性が別々の列に入力されているのはNG

誤った例

担当者の名前が横に並んでいる

日付	田中	赤城	青山	森本
2022/1/5	20			15
2022/1/6		10	5	
2022/1/7	30	20		15
:	:	:	:	:

正しい例

日付	担当	数量
2022/1/5	田中	20
2022/1/5	森本	15
2022/1/6	赤城	10
2022/1/6	青山	5
2022/1/7	田中	30
2022/1/7	赤城	20
2022/1/7	森本	15
:	:	:

「担当」は同じ属性なので
1列にまとめる

One Point

→ 同じ属性は同じ列に入力する

●表の形式や入力データにも要注意

表に入力するデータひとつひとつにも、細かな注意が必要だ。そこで、左ページの例には、やってはいけない間違いをあえて盛り込んでみた。

まず、ピボットテーブルを作る際、元データとして使われるのは、表の先頭行に入力された項目見出しと、1行に1件ずつ入力されたデータの部分だけだ。この例では、シートの1行目にタイトルが入力されているが、**タイトルはピボットテーブルには必要ない**。シートの1行目には表の項目見出しが、2行目以降にはデータ部分が表示されることがレイアウトとして理想的なので、1行目を削除してレイアウトを変更しよう。

また、C列の「分類」フィールドにあるように、同じ分類が続くからといって**セルを結合してはいけない**。元の表に結合されたセルがあると、やはりピボットテーブルでは、正しい集計が行われなくなってしまう。

さらに、社内のシステムなどからエクセルにインポートした表の場合、項目内に余分な空白が多数含まれることがある。D列の「販売地区」フィールドで文字の先頭位置が揃っていないのはそのためだ。これも正しく集計されない原因になる。

形式や入力データに問題のあるシート

タイトルが入力されている

	A	B	C	D	E	F	G	H
1	●売上一覧表							
2	日付	担当	分類	販売地区	商品名	単価	数量	金額
3	2022/1/10	赤城	ウーロン茶飲料	B地区	すっきり烏龍	110	365	40150
4	2022/1/10	田中		A地区	すっきり烏龍	110	391	43010
5	2022/1/10	青山		C地区	すっきり烏龍	110	285	31350
6	2022/1/12	赤城	コーヒー飲料	B地区	無糖ブレンド	130	636	82680
7	2022/1/23	田中		A地区	大人の珈琲	120	874	104880
8	2022/1/23	森本		C地区	無糖ブレンド	130	668	86840
9	2022/1/24	佐藤	紅茶飲料	A地区	まろやか紅茶	120	536	64320
10	2022/1/24	青山		C地区	まろやか紅茶	120	478	57360
11	2022/1/24	田中	ミネラルウォーター	A地区	ビタミン天然水	120	785	94200
12	2022/1/24	吉沢		B地区	ビタミン天然水	120	765	91800
13	2022/1/24	青山		C地区	ビタミン天然水	120	796	95520
14	2022/1/24	田中		A地区	ビタミン天然水	120	785	94200
15	2022/1/24	吉沢		B地区	ビタミン天然水	120	765	91800
16	2022/1/24	青山		C地区	ビタミン天然水	120	796	95520
17	2022/1/29	吉沢	紅茶飲料	B地区	午後のミルクティ	110	685	75350
18	2022/1/30	佐藤	ウーロン茶飲料	A地区	特選ウーロン茶	130	766	99580
19	2022/2/5	佐藤	ウーロン茶飲料	A地区	特選ウーロン茶	130	188	24440

セルが結合されている

余分な空白が入っている

One Point

- シートの1行目に項目見出しを配置する
（34ページ参照）
- セル結合は解除する（36ページ参照）
- セルに含まれる余分な空白を削除する
（32ページ参照）

●同一データが別名称になっている

次に気を付けたいＮＧは、きちんと**同一内容の名称を統一**しているかどうかだ。たとえば「渡辺」と「渡邊」など、同じ担当者を指していても、変換ミスから異なる漢字で入力されていると、同じワタナベさんが別人として集計されてしまう。担当者や商品名といった文字データを入力するフィールドでは、こういった表現の不統一に気を付けたい。正確に集計するためには、漢字・かなの区別なども含めて完全に同一にしておく必要がある。

また、カタカナ、算用数字、アルファベットを含むデータでは、全角文字と半角文字の2種類がある点にも注意しよう。左ページの「ウーロン茶」の例のように、全角と半角が異なるだけでも、集計時には別物として扱われてしまう。また、「カフェオレ」と「カフェ・オーレ」などに見られる中点「・」や長音記号「ー」の有無も同様で、やはり揃える必要がある。

システムからインポートした表の場合、こういった表示のばらつきはないと考えられるが、エクセルシートに直接入力した表の場合は、よくあるトラブルだ。十分に見直して、事前にきちんと統一しておこう。

人名や商品名の名称がバラバラ…
これでは正しく集計できない！

全角と半角の混在

	A	B	C	D	E
1	日付	担当	分類	販売地区	商品名
2	2022/1/5	田中	コーヒー飲料	A地区	無糖ブレンド
3	2022/1/10	赤城	ウーロン茶飲料	B地区	すっきり烏龍
4	2022/1/10	田中	ｳｰﾛﾝ茶飲料	A地区	すっきり烏龍
5	2022/1/10	渡辺	ｳｰﾛﾝ茶飲料	C地区	すっきり烏龍
6	2022/1/12	赤城	コーヒー飲料	B地区	無糖ブレンド
7	2022/1/24	佐藤	紅茶飲料	A地区	カフェオレ
8	2022/1/24	渡邊	紅茶飲料	C地区	カフェ・オーレ
9	2022/1/24	田中	ミネラルウォーター	A地区	ビタミン天然水
10	2022/1/24	吉沢	ミネラルウォーター	B地区	ビタミン天然水
11	2022/1/24	青山	ミネラルウォーター	C地区	ビタミン天然水
12	2022/1/29	吉沢	紅茶飲料	B地区	午後のミルクティー
13	2022/1/30	佐藤	ウーロン茶飲料	A地区	特選ウーロン茶
14					

漢字の不統一

「・」や「ー」の有無

One Point

- 全角と半角を統一する
- カタカナ語の「・」や「ー」の有無を統一する
- 漢字、かな文字などの表記を統一する

●関数を使って文字データを統一する

人名や商品名などにありがちな**名称のばらつきは、ピボットテーブルを作成する前に修正が必要**になる。それには、関数を使うと効率よく訂正できる。

まずは、全角・半角の統一に役立つ関数を2点セットで紹介しよう。アルファベット、数字、記号、カタカナなどの全角と半角を揃えるには、**JIS関数**と**ASC関数**を利用する。JIS関数は、指定したセルに含まれる半角文字を全角に変換し、ASC関数は、反対に全角文字を半角に変換する関数だ。対象によって両者を使い分けよう。

商品名などに含まれる特定の文字を別の文字に置き換えたい場合は、**SUBSTITUTE関数**が役に立つ。「=SUBSTITUTE（C2,"A","B"）」と指定すれば、「C2セルのデータに含まれる文字「A」を「B」に置換する」という指示になる。左ページの例ではこれを利用して不要な中点「・」を一括で削除している。

TRIM関数は、引数にセル番地を指定すると、そのセルに含まれる言葉の前後にある空白文字をすべて削除してくれる関数だ。システムからインポートしたデータに余分な空白が多数含まれていた場合に活躍する。

いずれの関数も、適材適所で利用すれば、効率よくデータを統一できる。

文字データの統一に便利な関数

全角と半角を相互に変換

	A	B	C
1	分類名	分類名（全角）	
2	ウーロン茶飲料	ウーロン茶飲料	
3	ｳｰﾛﾝ茶飲料	ウーロン茶飲料	
4	ｳｰﾛﾝ茶飲料	ウーロン茶飲料	
5			

ｳｰﾛﾝがウーロンになった！

=JIS(A3)
JIS関数　半角文字を全角にする
ASC関数　全角文字を半角にする

商品名などを一括置換

・が削除された！

	A	B
1	商品名	商品名（・なし）
2	カフェオレ	カフェオレ
3	カフェ・オレ	カフェオレ
4	カフェ・オレ	カフェオレ
5		

=SUBSTITUTE(A3,”・”,””)
SUBSTITUTE関数　セルに含まれる文字を置き換える

余分な空白を一括削除

Bの前の空白が削除された！

	A	B
1	販売地区	販売地区
2	B地区	B地区
3	A地区	A地区
4	C地区	C地区
5		

=TRIM(A2)
TRIM関数　セル内の文字の前後の空白を削除

Section 06

集計に必要のない要素は省いておく

書式、罫線、タイトル…データ以外の部分は不要

ピボットテーブルに必要になるのは、表の先頭行に入力された列見出しと蓄積されたデータ部分のみだ。表のタイトル、補足説明などそれ以外の内容は、あらかじめシートから削除しておこう。左ページの例では、タイトルが入力された1行目を削除して、2行目の項目見出しが1行目から始まるようにすればよい。

また、セルにはデータのみが入っていればよく、見栄えを考えて設定する書式は一切不要だ。セル内での配置や塗りつぶし、罫線、「¥」や桁区切りの「,」といった数値の表示形式も解除しよう。これらを残したままでもピボットテーブルは作成できるが、余計な要素はないほうがすっきりする。

ただし、日付データは、左ページの方法で表示形式を「標準」に戻してしまうと、「40235」のような数字の羅列になってしまうため非常にわかりづらい。日付データは、現行表示のままにしておくのがポイントだ。

書式やタイトルを削除しておく

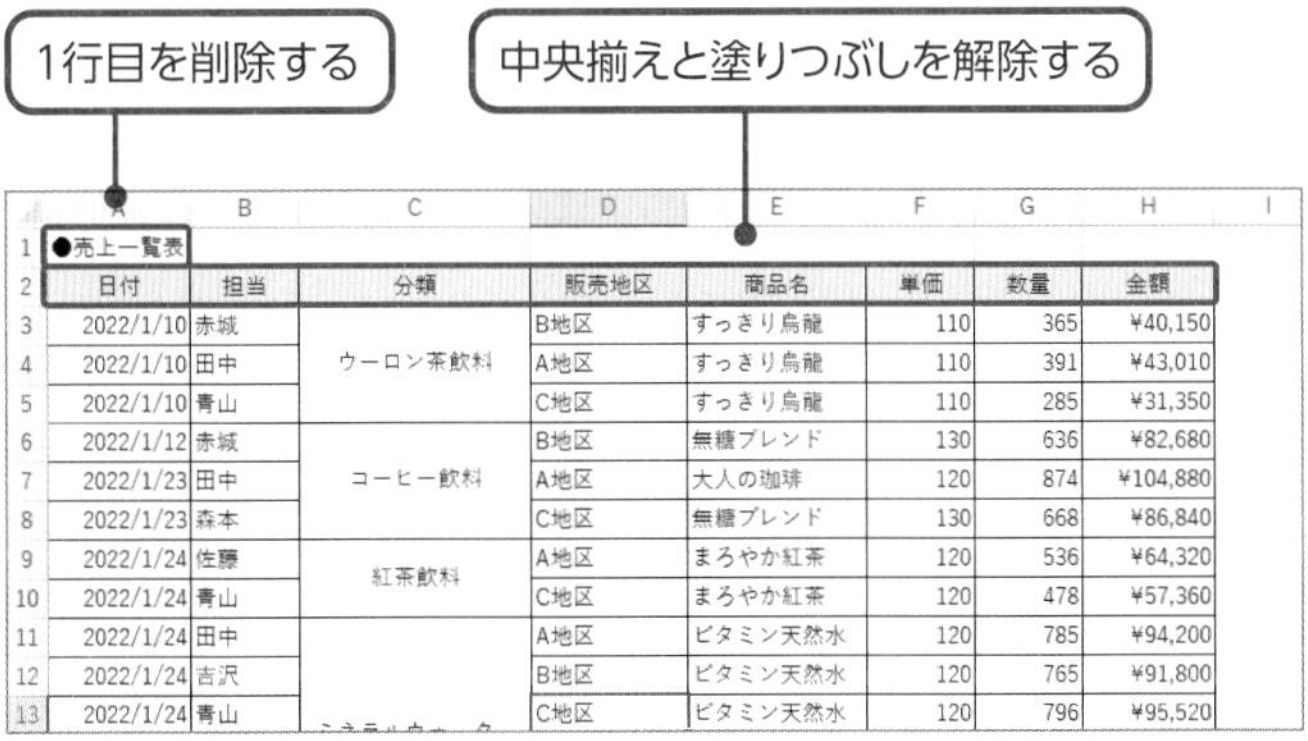

	A	B	C	D	E	F	G	H
1	●売上一覧表							
2	日付	担当	分類	販売地区	商品名	単価	数量	金額
3	2022/1/10	赤城		B地区	すっきり烏龍	110	365	¥40,150
4	2022/1/10	田中	ウーロン茶飲料	A地区	すっきり烏龍	110	391	¥43,010
5	2022/1/10	青山		C地区	すっきり烏龍	110	285	¥31,350
6	2022/1/12	赤城		B地区	無糖ブレンド	130	636	¥82,680
7	2022/1/23	田中	コーヒー飲料	A地区	大人の珈琲	120	874	¥104,880
8	2022/1/23	森本		C地区	無糖ブレンド	130	668	¥86,840
9	2022/1/24	佐藤	紅茶飲料	A地区	まろやか紅茶	120	536	¥64,320
10	2022/1/24	青山		C地区	まろやか紅茶	120	478	¥57,360
11	2022/1/24	田中		A地区	ビタミン天然水	120	785	¥94,200
12	2022/1/24	吉沢		B地区	ビタミン天然水	120	765	¥91,800
13	2022/1/24	青山		C地区	ビタミン天然水	120	796	¥95,520

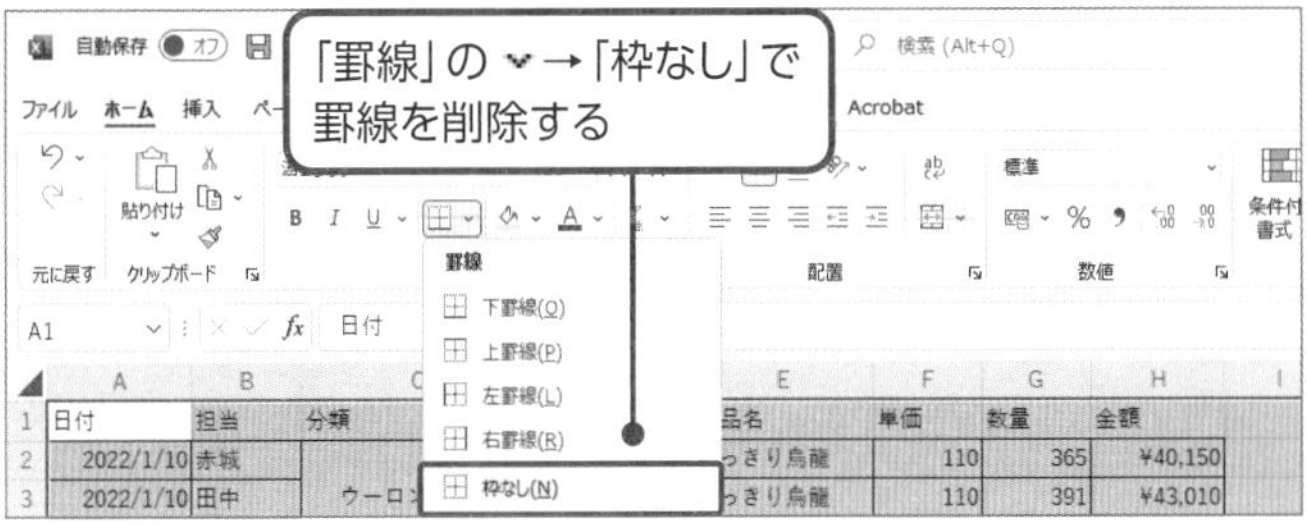

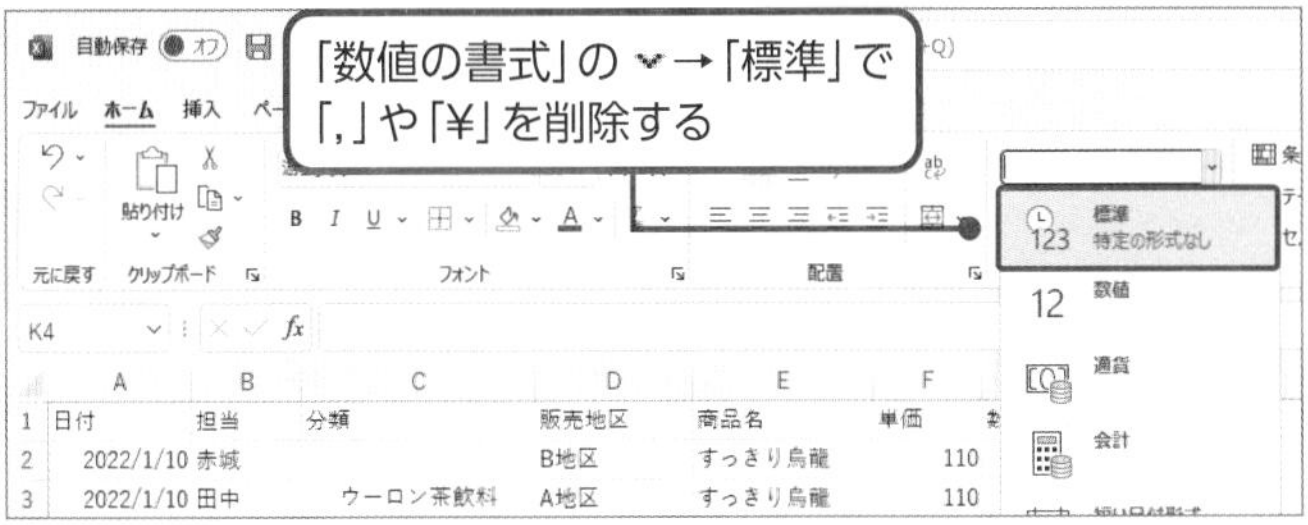

●セル結合は残らず解除

もう1つ、忘れずに削除しなければならないものに「セル結合」がある。これは、表内に結合されたセルがあると、行と列の数が均一にならないため、ピボットテーブルで集計した際には、正しい集計結果が得られなくなってしまうためだ。

ただし、広範囲にわたる表では、セル結合がないかどうかを確認するために、シートのすみずみまで目で追うことは難しい。そこで、**シート全体を選択してから、セル結合を一気に解除する方法をおすすめ**する。これなら、シートにあるすべてのセル結合が強制的に解除されるため、結合されたセルがうっかり残ってしまう心配がない。

なお、セル結合を解除すると、結合されていたときに一番上に位置していたセルだけにデータが残り、残りのセルは空欄になる。結合前に入力しておいたデータがあっても、セルを結合した時点で削除されている。この空欄のセルにも、該当する商品名や担当者名などを忘れずに入力しておこう。

うっかり空欄セルを残したままピボットテーブルを作成すると、その行の数値データは、本来含まれるべき属性の範囲に入らず、正しい集計結果が得られなくなる。

シートに残るセル結合はまとめて解除

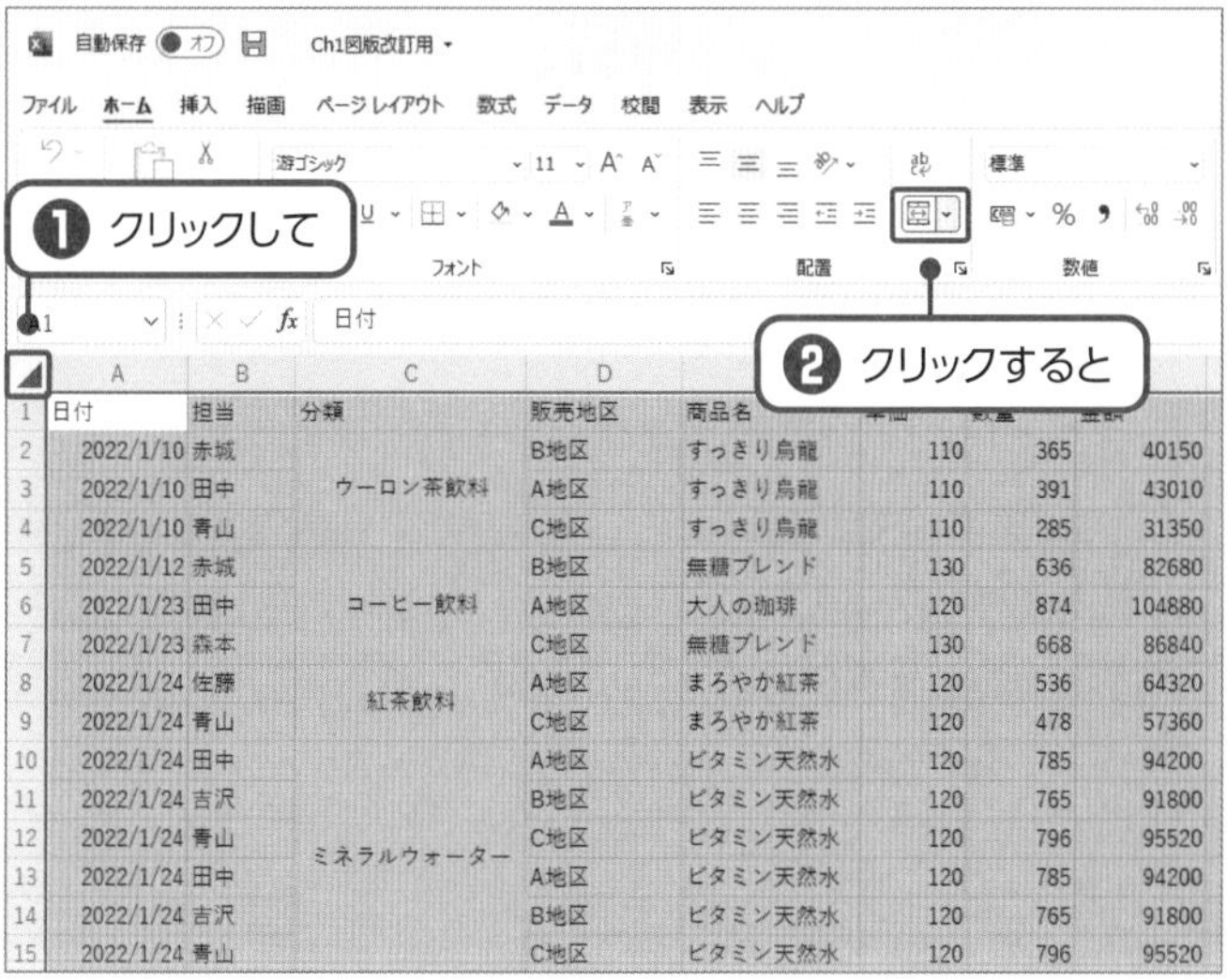

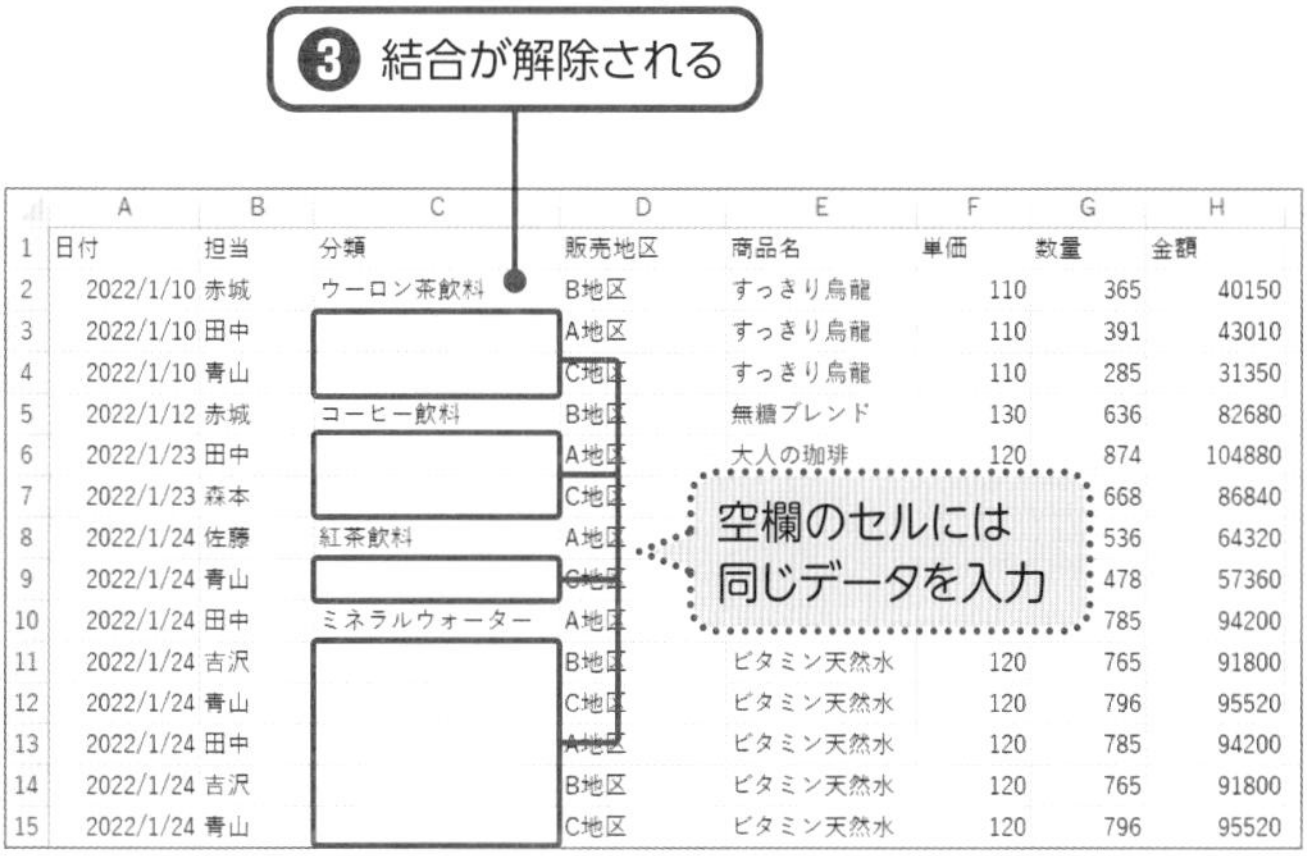

	A	B	C	D	E	F	G	H
1	日付	担当	分類	販売地区	商品名	単価	数量	金額
2	2022/1/10	赤城	ウーロン茶飲料	B地区	すっきり烏龍	110	365	40150
3	2022/1/10	田中		A地区	すっきり烏龍	110	391	43010
4	2022/1/10	青山		C地区	すっきり烏龍	110	285	31350
5	2022/1/12	赤城	コーヒー飲料	B地区	無糖ブレンド	130	636	82680
6	2022/1/23	田中		A地区	大人の珈琲	120	874	104880
7	2022/1/23	森本		C地区			668	86840
8	2022/1/24	佐藤	紅茶飲料	A地区			536	64320
9	2022/1/24	青山		C地区			478	57360
10	2022/1/24	田中	ミネラルウォーター	A地区			785	94200
11	2022/1/24	吉沢		B地区	ビタミン天然水	120	765	91800
12	2022/1/24	青山		C地区	ビタミン天然水	120	796	95520
13	2022/1/24	田中		A地区	ビタミン天然水	120	785	94200
14	2022/1/24	吉沢		B地区	ビタミン天然水	120	765	91800
15	2022/1/24	青山		C地区	ビタミン天然水	120	796	95520

Column

こんなデータがピボットテーブルの元の表にはベスト

ピボットテーブルを作成するための条件をすべてクリアした、理想的な「元の表」を見てみよう。次の5つのポイントを網羅しているはずだ。

① 集計に必要な「属性」と「値」がすべて存在する
② 1行目が項目見出しであり、2行目からデータが始まっている
③ セル結合がない
④ 余分な書式や罫線がない
⑤ 商品名や人名は、同じ名称に統一されている

次章からは、いよいよピボットテーブルを作る話を始めよう。

ピボットテーブルの元の表として理想的なデータの例

	A	B	C	D	E	F	G	H	I
1	日付	担当	分類	販売地区	商品名	単価	数量	金額	
2	2020/1/5	田中	コーヒー飲料	A地区	無糖ブレンド	130	526	68380	
3	2020/1/10	赤城	ウーロン茶飲料	B地区	すっきり烏龍	110	289	31790	
4	2020/1/10	田中	ウーロン茶飲料	A地区	すっきり烏龍	110	315	34650	
5	2020/1/10	青山	ウーロン茶飲料	C地区	すっきり烏龍	110	270	29700	
6	2020/1/12	赤城	コーヒー飲料	B地区	無糖ブレンド	130	498	64740	
7	2020/1/23	田中	コーヒー飲料	A地区	大人の珈琲	120	624	74880	
8	2020/1/23	森本	コーヒー飲料	C地区	無糖ブレンド	130	592	76960	
9	2020/1/24	佐藤	紅茶飲料	A地区	まろやか紅茶	120	478	57360	
10	2020/1/24	青山	紅茶飲料	C地区	まろやか紅茶	120	498	59760	
11	2020/1/24	田中	ミネラルウォーター	A地区	ビタミン天然水	120	798	95760	
12	2020/1/24	吉沢	ミネラルウォーター	B地区	ビタミン天然水	120	819	98280	
13	2020/1/24	青山	ミネラルウォーター	C地区	ビタミン天然水	120	720	86400	
14	2020/1/29	吉沢	紅茶飲料	B地区	午後のミルクティー	110	550	60500	
15	2020/1/30	佐藤	ウーロン茶飲料	A地区	特選ウーロン茶	130	567	73710	
16	2020/2/5	佐藤	ウーロン茶飲料	A地区	特選ウーロン茶	130	112	14560	
17	2020/2/5	青山	ミネラルウォーター	C地区	美味しいミネラル水	110	914	100540	

Chapter

2

ピボッドテーブルの原理と構造を知ろう

Section 07

ピボットテーブルを作ってみよう

クリック4回で土台が完成

ピボットテーブルの作成手順は非常にシンプルだ。左ページの例を見てほしい。まず元の表のセルを1つクリックしておく。「挿入」タブの「ピボットテーブル」をクリックすると、「ピボットテーブルの作成」ダイアログボックスが開く。

この画面が開くと同時に、表の周囲が点滅する枠線で囲まれる。これがピボットテーブルの集計元としてエクセルが認識している範囲になる。元の表が正しく作られていれば、表の1行目の項目見出しとデータ部分を過不足なく囲んでいるはずだ。「ＯＫ」をクリックすると、ピボットテーブルの土台となるシートが現れる。

シートの右端には、**「ピボットテーブルのフィールド」作業ウィンドウが**表示される。この部分がこれからピボットテーブルの設計を行うための領域だ。設計領域はさらに上下に分かれる。上の部分を**「フィールドセクション」**、下の部分は**「エリアセクション」**と呼ぶ。

ピボットテーブルの土台を作成する手順

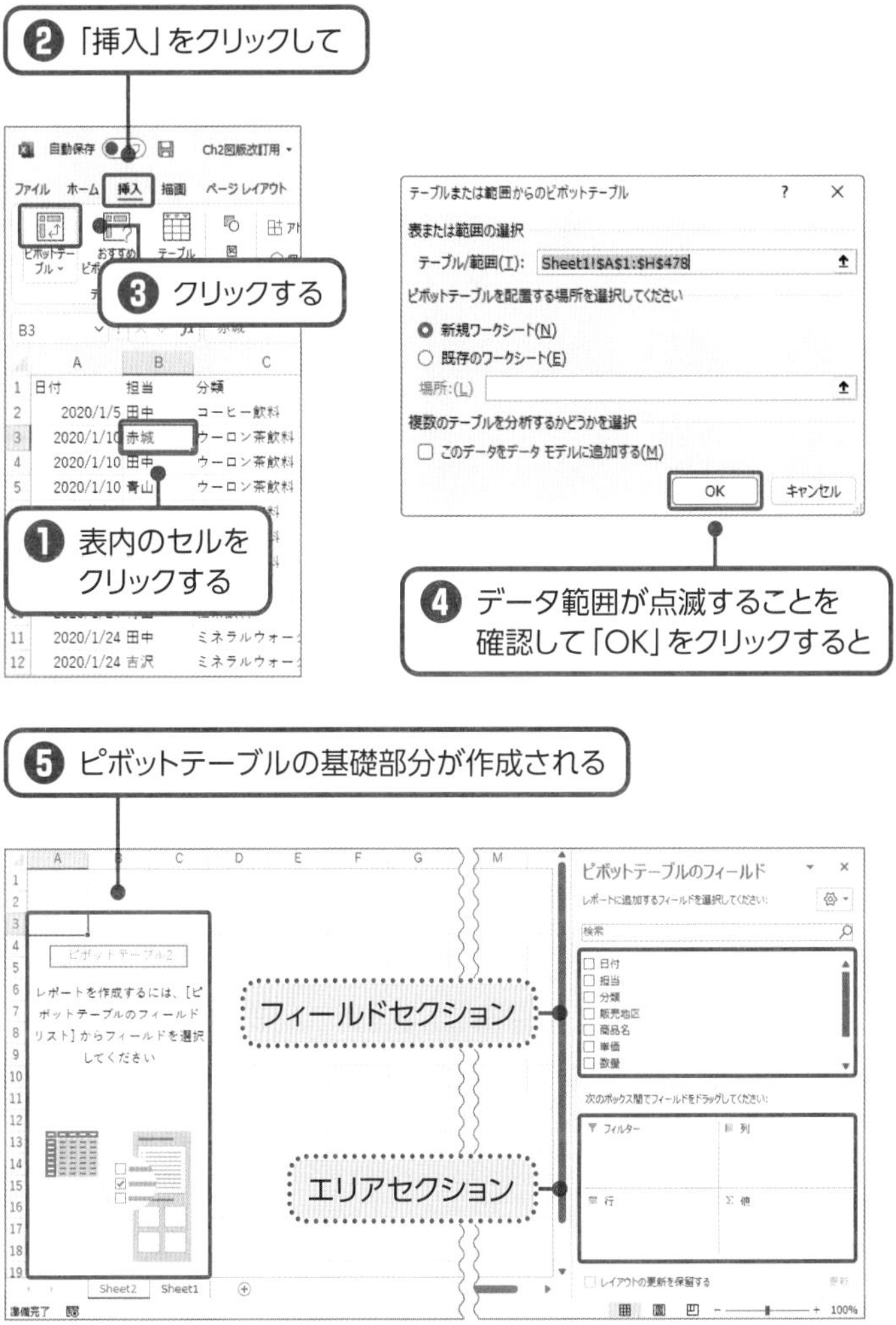

●ドラッグ＆ドロップするフィールドが肝心

「商品名」ごとに「数量」と「金額」の合計を求めるピボットテーブルを作成しよう。「ピボットテーブルのフィールド」作業ウィンドウのフィールドセクションには、元の表の1行目に入力された列見出し（フィールド名）が表示される。エリアセクションには、「フィルター」、「列」、「行」、「Σ値」という4つのボックスが並び、そのボックスにフィールドをドラッグ＆ドロップしていく。

まず、フィールドセクションの「商品名」フィールドを、エリアセクションの左下にある「行」ボックスまでドラッグすると、商品名の一覧が見出しとしてA列に表示される。

次に、フィールドセクションの「数量」フィールドをエリアセクション右下の「Σ値」ボックスまでドラッグすれば、各商品の販売数の合計がB列に表示される。最後に「金額」フィールドを同様に「Σ値」ボックスにドラッグすると、C列に「金額」の合計が追加される。

なお、誤ってフィールドを追加した場合、エリアセクションのボックスに表示されているフィールド名を作業ウィンドウの外までドラッグすれば削除できる。

ドラッグ＆ドロップだけで集計完了！

❶「商品名」を「行」にドラッグすると

❷「商品名」が表示される

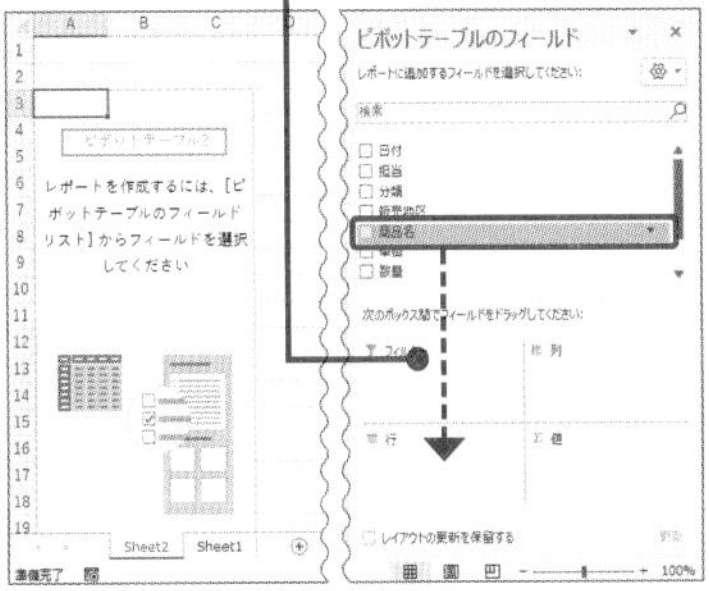

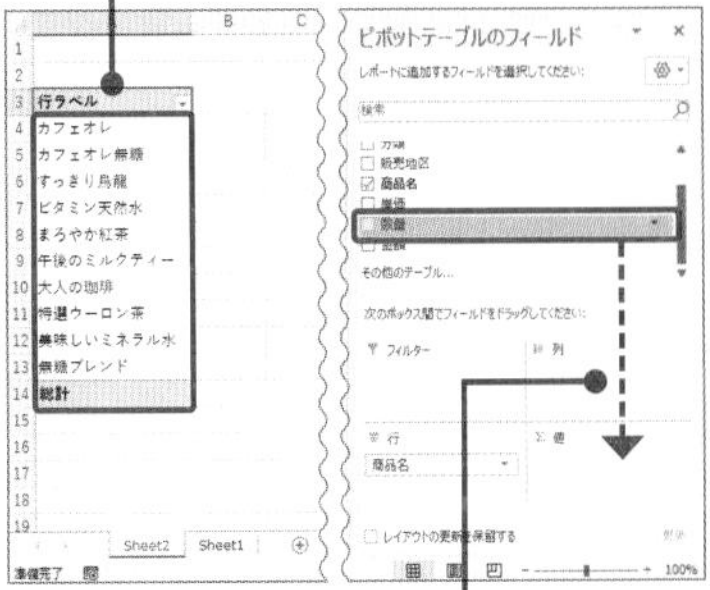

❸「数量」を「Σ値」にドラッグすると

❹「数量」の合計が表示される

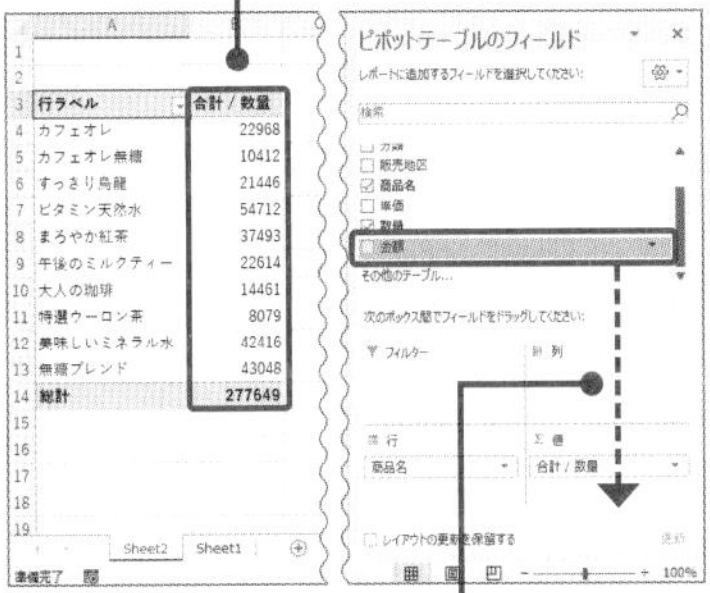

❺「金額」を「Σ値」にドラッグすると

❻「金額」の合計が表示される

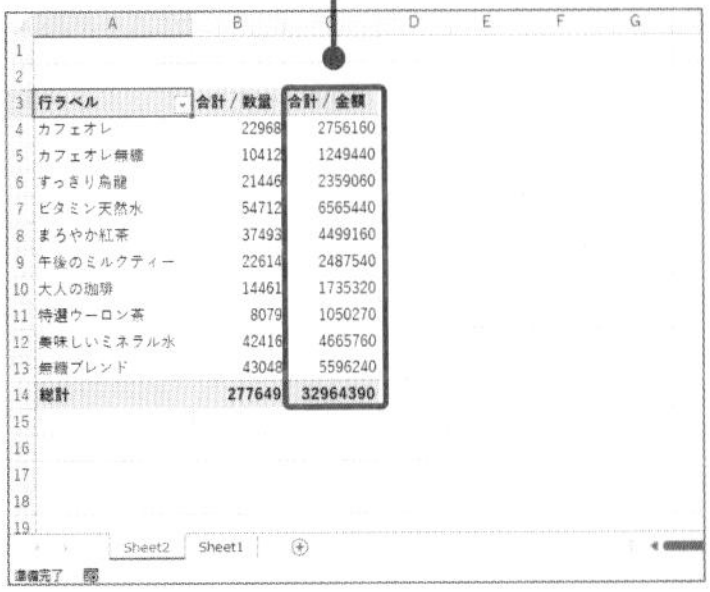

Section 08

最終的に何が集計されるのか

ピボットテーブルにおける「行」と「列」の役割

ピボットテーブルのレイアウトの鉄則を確認しておきたい。まずA列の「行ラベル」と書かれたセルの下を見てほしい。この部分をピボットテーブルでは**「行」のエリア**と呼ぶ。また、3行目の列見出しが表示された部分は**「列」のエリア**と呼ばれる。**「行」のエリアには、集計の基準となる属性が配置**される。今回は、商品別に集計するので「商品名」フィールドをここに指定した。一方**「列」のエリアには、集計する数値データそのもののフィールドが配置**される。合計を求めたい対象である「数量」と「金額」のフィールドが配置されているのはそのためだ。

では、作業ウィンドウではエリアセクションをどのように使えばよいだろうか。42ページの操作では、まず「商品名」フィールドをエリアセクションの「行」のボックスにドラッグしていたはずだ。つまり、「行」のエリアにフィールドを配置するには、エリアセクションの「行」ボックスにフィールドをドラッグすればよい。

「行」と「列」それぞれのエリアの役割とは?

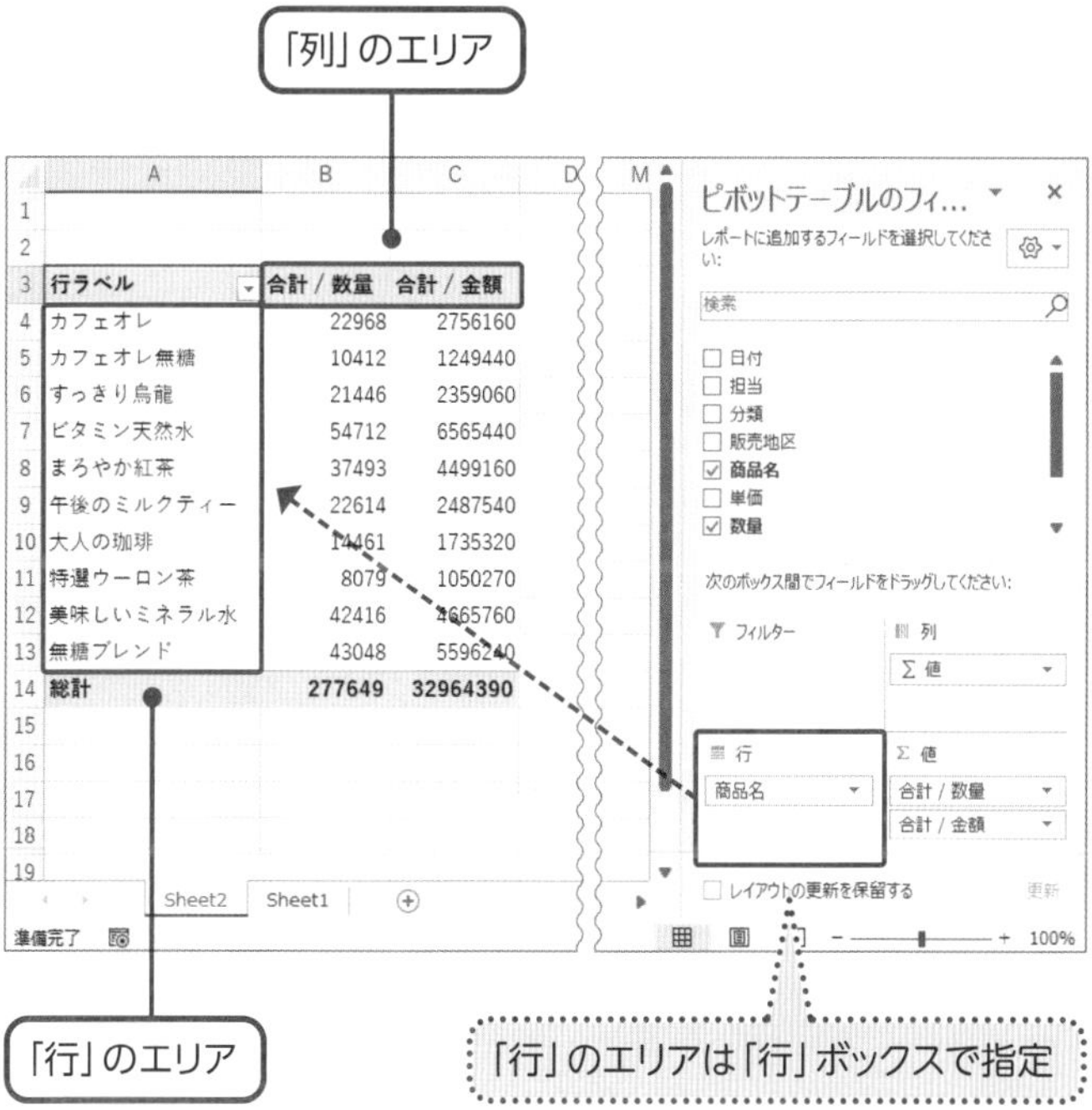

One Point

- 「行」 → 集計のキーとなる属性を配置
  (例:商品名)
- 「列」 → 集計したい数値データを配置
  (例:数量、金額)

●「行」と「列」がクロスする位置で集計される

「行」のエリアに指定した「商品名」と、「列」のエリアの項目が交差（クロス）する位置には、各商品の「数量」と「金額」の合計が表示される。そのためには、エリアセクション右下にある**「Σ値」というボックスに、集計したい数値データのフィールドをドラッグ&ドロップ**すればよい。この例では、「数量」フィールドと「金額」フィールドを「Σ値」ボックスにドラッグしている。

なお、この「Σ値」ボックスにフィールド名をドラッグ&ドロップすると、集計が実行され、合計が表示されるだけではない。このとき同時に、「合計／数量」のような列見出しを「列」のエリアに追加してくれるのだ。

さらに、「数量」フィールドに続けて「金額」フィールドを「Σ値」ボックスに追加すると、2つ以上の列見出しが横に並ぶ。すると、今度はエリアセクションの「列」ボックスに「Σ値」という表示が現れる。これは、『列』のエリアのフィールドは「Σ値」ボックスの内容と同じなので、そちらを参照してくださいという指示だと思えばよいだろう。なお、この表示はそのままにしておこう。「列」ボックスには、基本的に何も指定する必要はない。

「列」のエリアとクロス集計は同時に表示

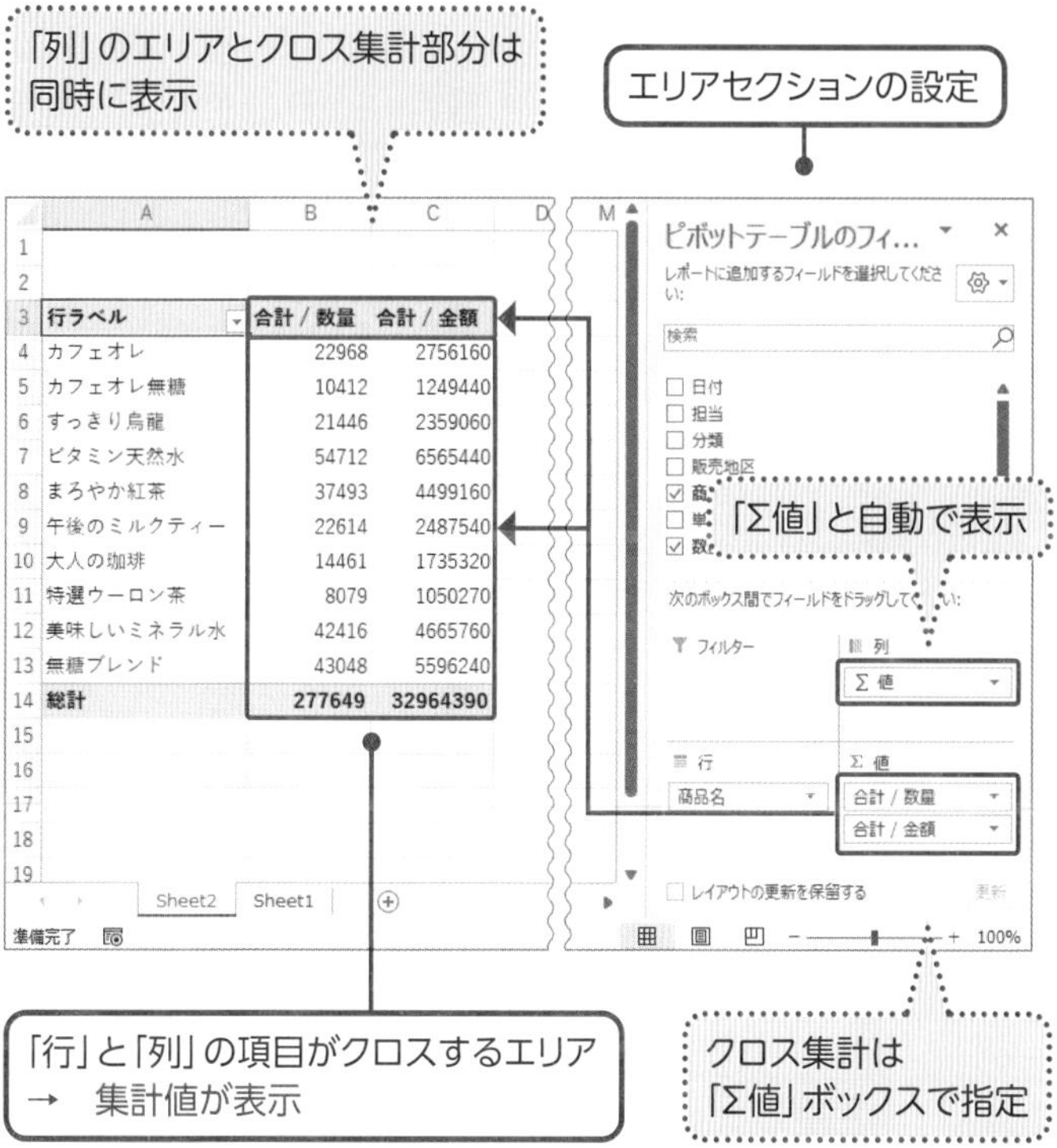

One Point

- 集計したい数値データは「Σ値」というボックス
- フィールド名をドラッグ＆ドロップするだけで集計完了

Section 09

フィールドの選択、これですべてが決まる

どのフィールドを指定するのか

左ページのように、商品分類別に「数量」と「金額」を合計したい。この場合は、どのフィールドをエリアセクションのどのボックスに配置すればよいだろうか。

まず、**集計のキーとなる属性のフィールドを「行」のエリアに配置**する。ただし、今回は、属性が1つではない。指定するフィールドは「分類」、「販売地区」、「日付（年）」（年単位でグループ化された「日付」フィールド）の3つになる。これらのフィールド名を、エリアセクションの「行」のボックスにドラッグ&ドロップする。

次に、「列」のエリアを見てみよう。列のエリアに配置するのは、集計対象となる数値のフィールドだ。ここでは「数量」、「金額」の2つのフィールドになる。これを指定するには、**エリアセクションの「Σ値」ボックスにフィールドをドラッグ&ドロップ**すればよい。46ページで紹介したように、「Σ値」ボックスに数値フィールドを指定すれば、列見出しと合計値の両方が表示される。

「行」と「列」に指定するフィールドを確認

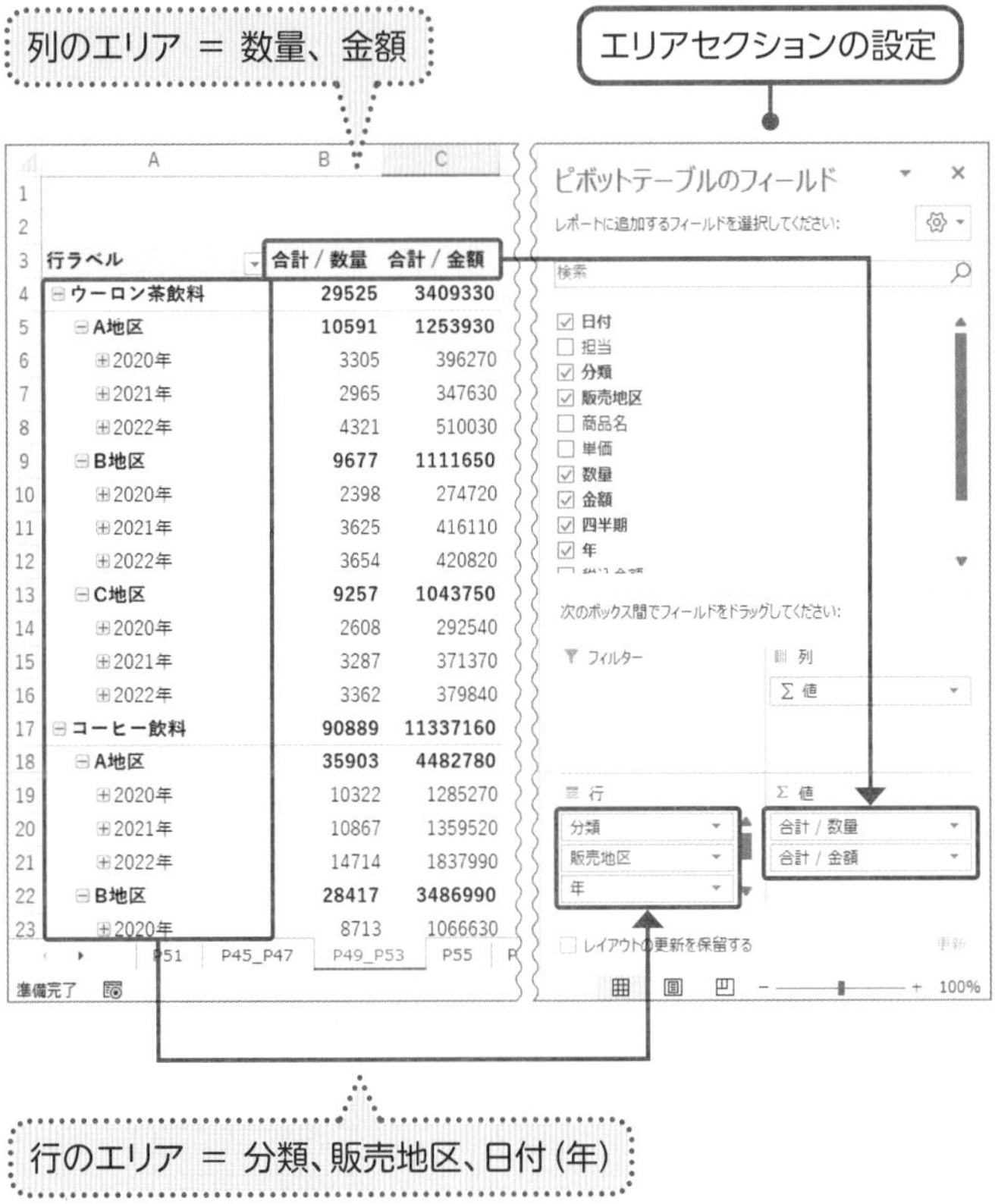

●属性を指定する「行」と集計値そのものを指定する「列」

では、そもそも「行」や「列」のエリアに配置するのにふさわしいフィールドとは、いったいどんなものだろうか。

「商品分類別に集計する」「担当者別に集計する」などのように、データを「＊＊別に」分類するための基準とするものを**属性**と呼ぶ。**「行」エリアには、属性となるフィールドを指定**すればよい。なお、何をもって集計の基準とするのかにより、使う属性は変化する。集計の基準としたい項目を「行」のエリアに指定しよう。

属性のフィールドに格納される内容は、担当者や商品のような文字データであることが多い。文字以外では「売上日」などの日付データも「行」エリアに指定できる。ただし、「年」、「四半期」、「月」といった適度な範囲で日付をグループ化して、金額などをまとめるのが現実的だ。同様に、「数量」、「来店者数」のような数値データのフィールドも、一定量ずつグループ化すれば、「０〜１００人」、「１０１〜２００人」のような項目見出しにできるため、属性として「行」のエリアに指定できる。

一方、「列」のエリアに指定するのは、集計される値そのものであるため、必然的に数字が入力されたフィールドになる。「数量」、「金額」などを指定しよう。

「行」エリアには、文字、日付、数値のフィールドを指定できる

文字データの例

行のエリア ＝ 担当

担当	合計/金額
佐藤	748,800
赤城	946,800
田中	529,900
：	：

日付データの例

行のエリア ＝ 日付（月）

売上月	合計/金額
1月	1,240,000
2月	1,098,000
3月	1,459,000
：	：

数値データの例

行のエリア ＝ 来店者数

来店者数	合計/数量
0～100	598
101～200	3,478
201～300	9,830
：	：

※ 日付、数値を「行」のエリアに指定するときは、グループ化を行うことが必須（126ページ、130ページ参照）

「行」のフィールドの重要度を考える

先に話したように、「行」には複数のフィールドを指定できる。左ページの例を見てほしい。このピボットテーブルでは、まず「分類」別に「数量」と「金額」の合計を求め、同じ商品分類のデータでは「販売地区」ごとに、同じ販売地区のデータはさらに「年」ごとに分けて集計値を求めている。

このとき、「行」のエリアに並んだ項目の先頭位置に注目しよう。「分類」、「販売地区」、「日付（あらかじめ年単位でグループ化されている）」と並んだデータの頭の位置が、一段ずつ右へ下がっているのがわかるだろう。

このとき、頭がもっとも左に突き出ているフィールドが、集計の際に最重要な、いわば大黒柱となるべきフィールドだ。これを**最上位フィールド**と呼ぶ。このピボットテーブルでは、「分類」が最上位フィールドになる。先頭の字下げの位置が右へ深くなるほど、フィールドのレベルが下がり、親から子、孫へと階層は深くなる。

「行」のエリアに複数のフィールドを設定するときには、この階層を理解することが欠かせない。うっかり階層の指定を間違えると、意図した通りのピボットテーブルができなくなってしまうので注意しよう。

先頭が左端に来るフィールドが「最上位」

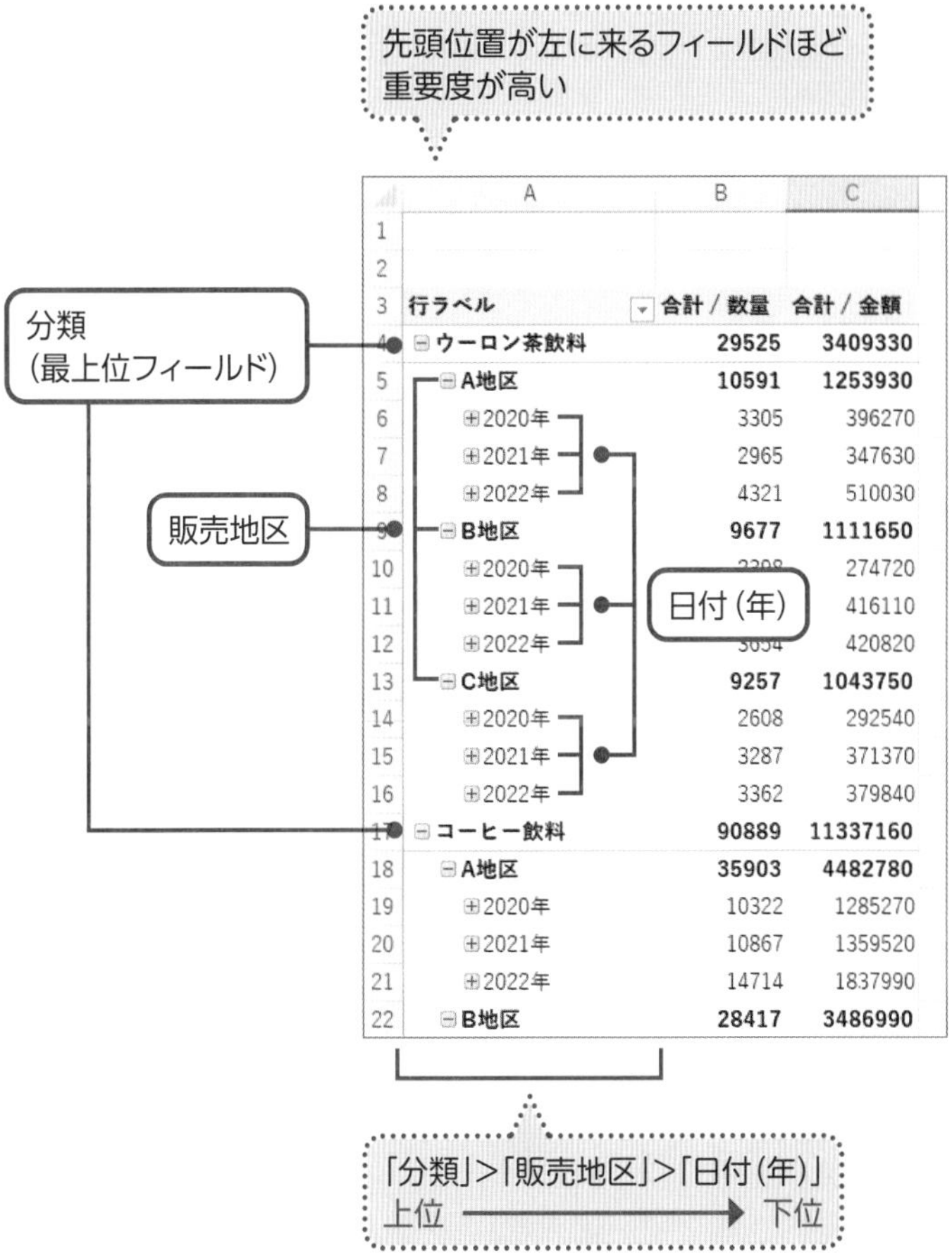

	A	B	C
1			
2			
3	行ラベル	合計 / 数量	合計 / 金額
4	⊟ウーロン茶飲料	29525	3409330
5	⊟A地区	10591	1253930
6	⊞2020年	3305	396270
7	⊞2021年	2965	347630
8	⊞2022年	4321	510030
9	⊟B地区	9677	1111650
10	⊞2020年	[illegible]	274720
11	⊞2021年	[illegible]	416110
12	⊞2022年	[illegible]	420820
13	⊟C地区	9257	1043750
14	⊞2020年	2608	292540
15	⊞2021年	3287	371370
16	⊞2022年	3362	379840
17	⊟コーヒー飲料	90889	11337160
18	⊟A地区	35903	4482780
19	⊞2020年	10322	1285270
20	⊞2021年	10867	1359520
21	⊞2022年	14714	1837990
22	⊟B地区	28417	3486990

※ 実際の操作は74ページ参照

Section 10

行に設定するフィールドは1つだけではない

属性には「上位」と「下位」がある

「行」のエリアには複数の属性を配置できる。この場合、**属性間には、上位と下位の序列が生まれる**。まずは、序列が自然と決まる例で理解しよう。この清涼飲料水メーカーでは、1つの販売地区に担当者を2名ずつ置いている。各担当者は複数の地区を担当することはない。

この場合、「販売地区」フィールドは、「担当」フィールドよりも上の階層に位置付けられる、つまり、「販売地区」が上位、「担当」が下位の関係になるのだ。この関係で、正しく「行」のエリアにフィールドを配置すると、ピボットテーブルは左ページ下のようになる。

所属部署と社員、商品分類と商品名などもよく似た関係だ。社員がいずれか1つの部署に属している場合や、個々の商品がいずれか1つの商品分類に区分される場合は、2つの属性間には序列があり、その「上位」と「下位」は固定になる。

どっちが上位？　属性の序列を考える

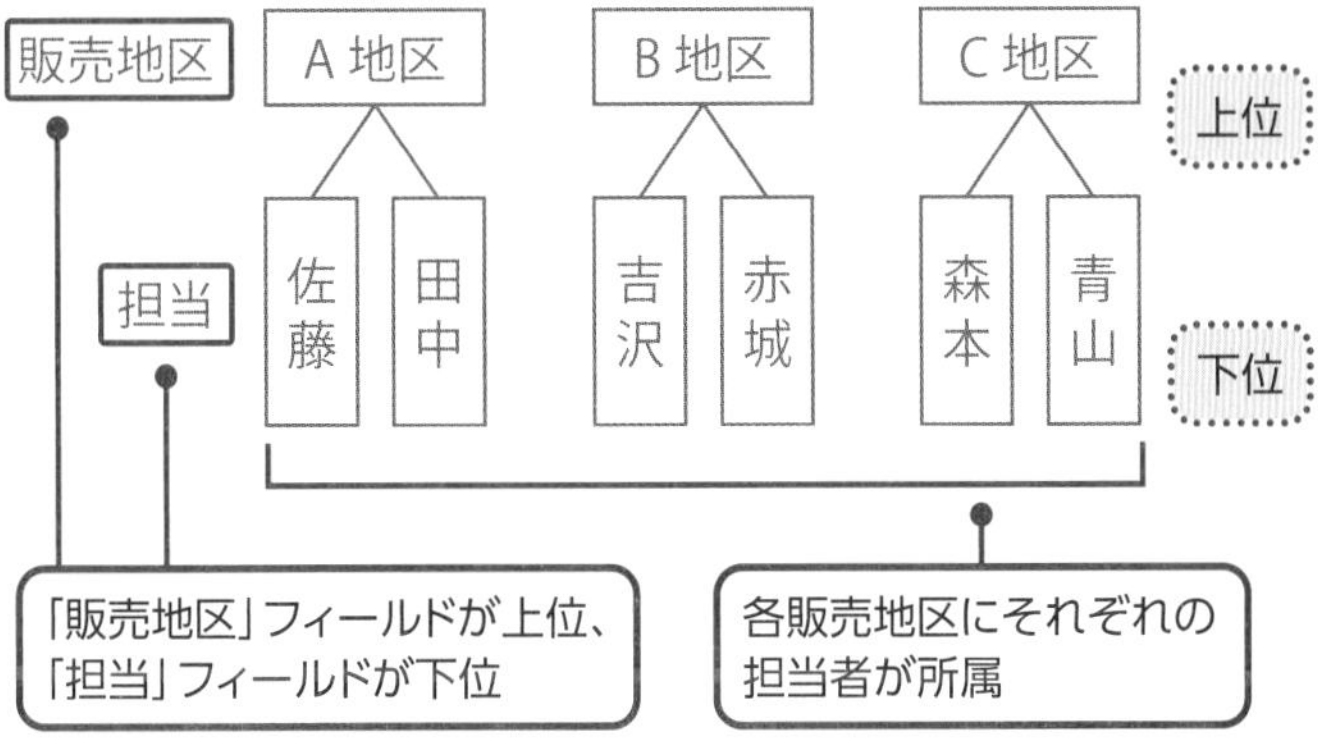

2			
3	**行ラベル**	**合計 / 数量**	**合計 / 金額**
4	**⊟A地区**	**105889**	**12642090**
5	佐藤	58449	6988990
6	田中	47440	5653100
7	**⊟B地区**	**86934**	**10292740**
8	吉沢	46999	5583550
9	赤城	39935	4709190
10	**⊟C地区**	**84826**	**10029560**
11	森本	35122	4171850
12	青山	49704	5857710
13	**総計**	**277649**	**32964390**
14			

ピボットテーブルにするとこうなる

●属性の「上位」、「下位」を自分で決める

実際には上位と下位が固定でない例も多い。その場合、ピボットテーブルにフィールドを配置する際、自分で序列を決める必要がある。

42ページで作成したピボットテーブルでは、「商品名」ごとに「数量」と「金額」を合計している。「行」のエリアに配置されているのは「商品名」だけだが、ここに「販売地区」という属性を追加する例で考えてみよう。

「販売地区」と「商品名」のように、直接の関連がないフィールドの場合、上下関係は固定ではない。固定でないということは、「販売地区」、「商品名」のどちらも上位になりうるということだ。このように属性間に直接の上下関係が存在しない場合は、集計のキー項目のうち、**自分がメインとしたいフィールドを「上位」とすればよい**。

左ページの例を見てほしい。左側のピボットテーブルに「販売地区」の情報を追加して、各商品の売上が地区によってどのくらい差があるのかを調べたい。この場合、主となる属性は「商品名」だ。そこへ「販売地区」の情報を加えるので、「商品名」が上位で「販売地区」が下位となる。

何を基準に「上位」と「下位」を決めたらよいのか？

	行ラベル	合計 / 数量	合計 / 金額
2			
3	行ラベル	合計 / 数量	合計 / 金額
4	カフェオレ	22968	2756160
5	カフェオレ無糖	10412	1249440
6	すっきり烏龍	21446	2359060
7	ビタミン天然水	54712	6565440
8	まろやか紅茶	37493	4499160
9	午後のミルクティー	22614	2487540
10	大人の珈琲	14461	1735320
11	特選ウーロン茶	8079	1050270
12	美味しいミネラル水	42416	4665760
13	無糖ブレンド	43048	5596240
14	**総計**	**277649**	**32964390**
15			

販売地区ごとの商品売上を
求めたいので

	行ラベル	合計 / 数量	合計 / 金額
2			
3	行ラベル	合計 / 数量	合計 / 金額
4	**⊟カフェオレ**	**22968**	**2756160**
5	A地区	9564	1147680
6	B地区	7424	890880
7	C地区	5980	717600
8	**⊟カフェオレ無糖**	**10412**	**1249440**
9	A地区	624	74880
10	B地区	8952	1074240
11	C地区	836	100320
12	**⊟すっきり烏龍**	**21446**	**2359060**
13	A地区	6145	675950
14	B地区	7318	804980
15	C地区	7983	878130
16	**⊟ビタミン天然水**	**54712**	**6565440**
17	A地区	23519	2822280

「販売地区」を追加した

商品名 > 販売地区
上位　　　下位

One Point

➔ 主となるフィールドを「上位」、従となるフィールドを「下位」にする

●「上位」と「下位」を逆にするとどうなる？

では、「行」のエリアに配置した属性の上位、下位を間違えるとどうなるだろう。基本的に、56ページで決めたフィールドの序列は、自分が欲しい分析内容に沿ったものなので、上位と下位を反対にしてはならないわけだが、ここではあえて反対にしてみよう。すると、作成されるピボットテーブルは、左ページのようになる。「販売地区」フィールドが上位、「商品名」フィールドが下位となったピボットテーブルでは、地区名の下に商品名が割り込むように配置される。同じ商品の集計結果が離れたところに置かれてしまい、商品名を基準に情報を追いかけるには、とても使いにくい。このように、**本来、下位に来るべきフィールドが上位に来ると体裁が崩れてしまうのだ**。これでは「商品名」を分析の柱とした集計表としては用をなさないことがわかるだろう。

以上のことからわかったように、「行」のエリアに配置する属性が複数あるときは、まず階層の順位を考えよう。その場合、自分が分析したい柱となる内容のフィールドを最上位にする。そして、上位と下位は変更せず、最初に決めた通りにピボットテーブルを作ることが肝心だ。

反対に「販売地区」を上位、「商品名」を下位にすると…

2			
3	行ラベル	合計 / 数量	合計 / 金額
4	⊟A地区	105889	12642090
5	カフェオレ	9564	1147680
6	カフェオレ無糖	624	74880
7	すっきり烏龍	6145	675950
8	ビタミン天然水	23519	2822280
9	まろやか紅茶	13674	1640880
10	午後のミルクティー	11122	1223420
11	大人の珈琲	8273	992760
12	特選ウーロン茶	4446	577980
13	美味しいミネラル水	11080	1218800
14	無糖ブレンド	17442	2267460
15	⊟B地区	86934	10292740
16	カフェオレ	7424	890880
17	カフェオレ無糖	8952	1074240
18	すっきり烏龍	7318	804980
19	ビタミン天然水	20004	2400480
20	まろやか紅茶	12166	1459920
21	午後のミルクティー	5502	605220
22	大人の珈琲	4346	521520
23	特選ウーロン茶	2359	306670
24	美味しいミネラル水	11168	1228480
25	無糖ブレンド	7695	1000350
26	⊟C地区	84826	10029560
27	カフェオレ	5980	717600
28	カフェオレ無糖	836	100320
29	すっきり烏龍	7983	878130
30	ビタミン天然水	11189	1342680
31	まろやか紅茶	11653	1398360
32	午後のミルクティー	5990	658900
33	大人の珈琲	1842	221040
34	特選ウーロン茶	1274	165620
35	美味しいミネラル水	20168	2218480
36	無糖ブレンド	17911	2328430
37	総計	277649	32964390
38			

同じ商品の情報がバラバラに表示された！

Section 11

列に指定したフィールドの値が集計される

●「列」にはどんな値を集計するのか

では、「列」のエリアに設定するのにふさわしいフィールドとは、どのようなフィールドだろうか。その答えは、**「合計」などの集計結果を求めたい「数字」のフィールド**だ。販売数、注文数といった数量や金額を表すフィールドがそれにあたる。

左ページの例では、「数量」と「金額」のフィールドを「列」のエリアに指定している。このように複数の集計を指定すると、エリアセクションの「Σ値」の欄には、上から順にボタンが並び、ピボットテーブルでは、左から右へと同様の列見出しが並ぶ。そして行と列の見出しがクロスする位置には、自動的に「合計」が求められる。

ただし、実際にピボットテーブルの操作を行うときには、エリアセクション右下の**「Σ値」ボックスに集計したいフィールドをドラッグ&ドロップ**する。「列」のエリアの設定ではあるが、ドラッグ先が「列」ボックスではない点に注意しよう。

合計を求めたいフィールドを「Σ値」欄に指定

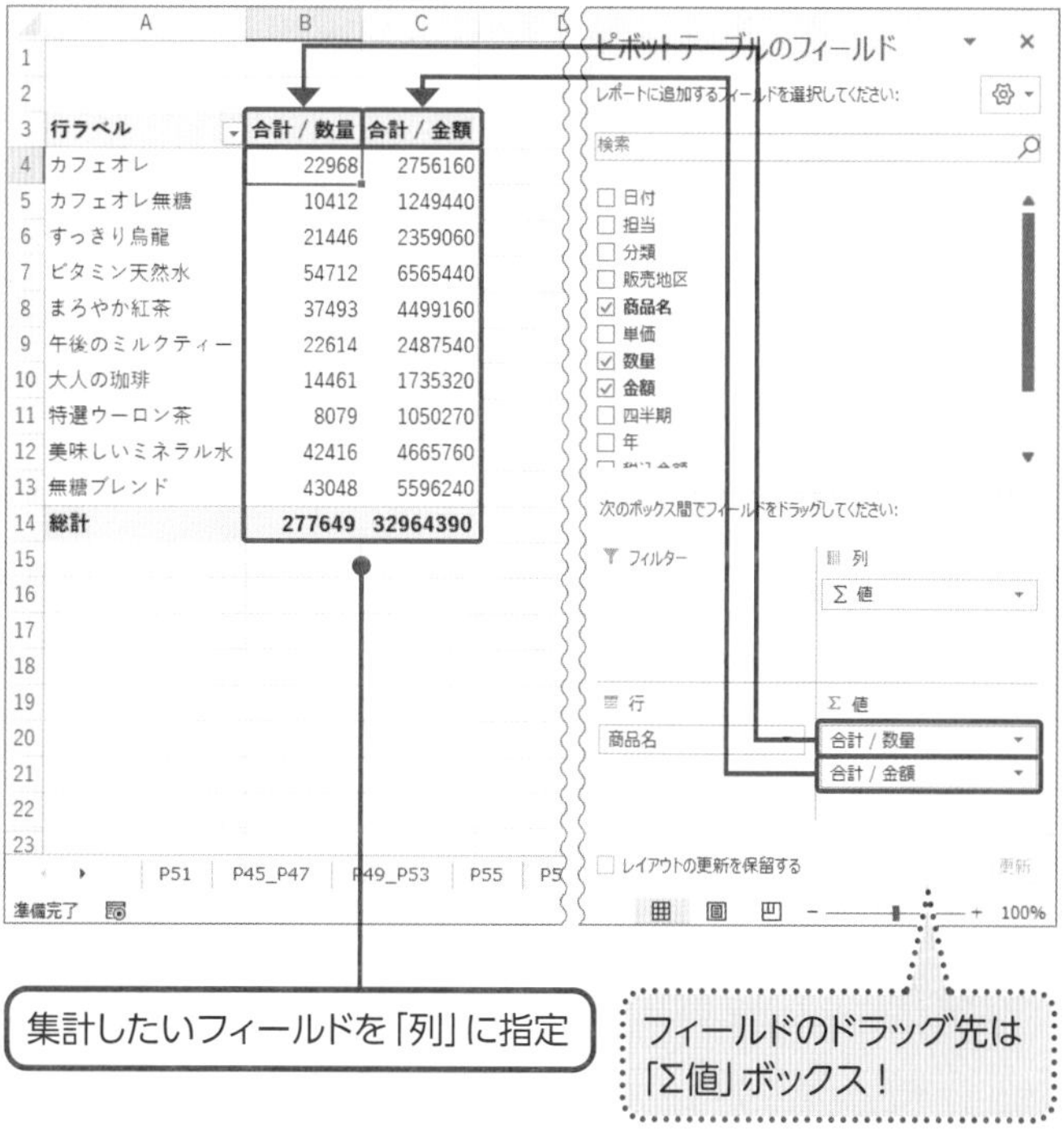

One Point

- 「列」のエリアには「数字」のフィールを配置
- 「Σ値」ボックスに集計するフィールドをドラッグ＆ドロップ

「合計」以外の集計方法はあとから選ぶ

60ページで紹介したように、「列」のエリアに「数量」や「金額」などの数値が入力されたフィールドを指定すると、「行」の項目と交差する位置には集計結果が表示される。このとき、**デフォルトでは合計値が求められる**が、集計方法はあとから変更できる。

集計方法を変更するには、「値フィールドの設定」ダイアログボックスを使う（102ページ参照）。このダイアログボックスを開くと、左ページ上の例のように、集計方法の一覧が表示される。ここから「合計」以外の集計方法を選べばよい。たとえば、「金額」フィールドの「合計」を「平均」に変更すると、売上金額の合計から1件当たりの平均売上金額へと集計結果が変わる。

ただし、最初にあった「金額の合計」を残しておきたい場合もあるだろう。その場合は、「金額」フィールドをエリアセクションの「Σ値」ボックスにもう1つ追加する。次にどちらか片方の「金額」フィールドを選んで集計方法を「平均」に変更すれば、金額フィールドの合計と平均の両方を表示できる。

設定できる集計の方法は、左ページ下の表のように11種類ある。用途に応じて使い分けよう。

「合計」以外の集計も可能

「値フィールドの設定」ダイアログボックス

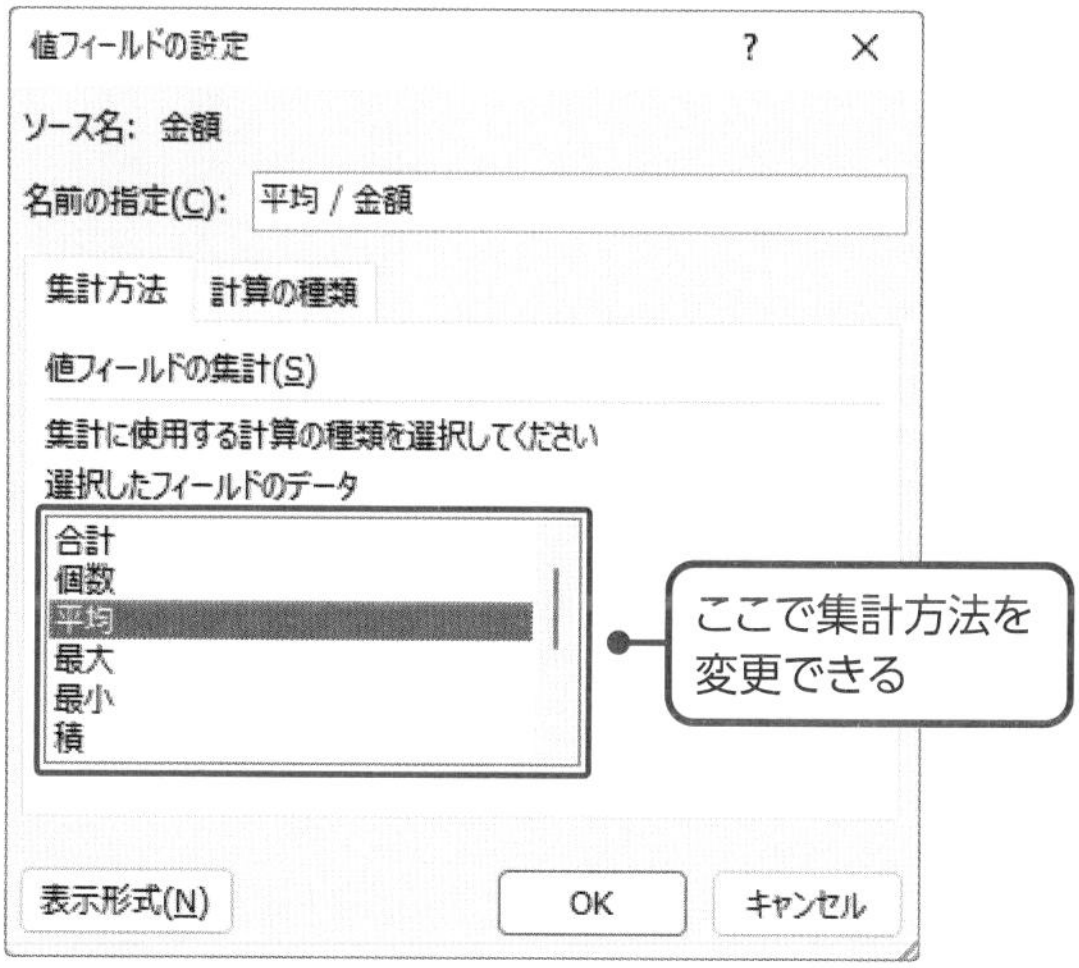

選択できる集計方法

合計(初期値)	数値の個数※2
個数※1	標本標準偏差
平均	標準偏差
最大	標本分散
最小	分散
積	

※1 「個数」は空欄でない何らかのデータが入力されたセルの数
※2 「数値の個数」は、数値データが入力されたセルのみが集計

●フィールドを使ってオリジナルの集計を求める

合計したり平均したりするだけではなく、**独自に計算式を立てたい場合は、「集計フィールド」を使う**。「集計フィールド」とは、元の表のフィールドを使ってオリジナルの計算式を入力するしくみのことだ。この機能を使えば、左ページの例のように、「金額」フィールドを元にして、8％の消費税を含めた税込金額を求めることができる。ただし、集計フィールドを作る際は、約束事が2つある。

1つ目は名前だ。集計フィールドは、ピボットテーブル上でだけ表示される、いわば架空のフィールドだ。オリジナルの集計フィールドを作るのだから名前が必要になる。ここではシンプルに「税込金額」としている。ここで付けた名前は左ページのD3セルのように、「列」のエリアに見出しとして表示される。なお、指定する名前は既存のフィールド名と重複してはいけない。

2つ目はもちろん計算式だ。先頭に「=」を入力し、加減乗除の記号もセルの数式と同じものを使える。内容に合ったものなら関数も指定できる。ただし、計算式の中で参照するのはセルではなくフィールドだ。したがって、セル番地の代わりに「金額」のようにフィールド名を指定する点が異なる。

「集計フィールド」で独自の計算式を作る

各商品の税込金額を知りたい！

	A		B	C	D	E
1						
2						
3	**行ラベル**	▼	**合計 / 数量**	**合計 / 金額**	**合計 / 税込金額**	
4	カフェオレ		22,968	2,756,160	2,976,652	
5	カフェオレ無糖		10,412	1,249,440	1,349,395	
6	すっきり烏龍		21,446	2,359,060	2,547,784	
7	ビタミン天然水		54,712	6,565,440	7,090,675	
8	まろやか紅茶		37,493	4,499,160	4,859,092	
9	午後のミルクティー		22,614	2,487,540	2,686,543	
10	大人の珈琲		14,461	1,735,320	1,874,145	
11	特選ウーロン茶		8,079	1,050,270	1,134,291	
12	美味しいミネラル水		42,416	4,665,760	5,039,020	
13	無糖ブレンド		43,048	5,596,240	6,043,939	
14	**総計**		**277,649**	**32,964,390**	**35,601,541**	
15						

集計フィールド

One Point

➔ 「集計フィールド」の設定に必要なもの

① 名前　：税込金額

② 計算式：＝INT（金額 ＊1.08※1）

元の表のフィールドを参照

※1　自販機などで販売される飲料品は軽減税率8%

Section 12

計算式をピボットテーブルに作成する際の注意点

「集計フィールド」はテンポラリーなものと考える

集計フィールドのしくみはテンポラリーなものと考えよう。つまり、ここで求めた計算結果は、ピボットテーブル上でだけ確認できる一時的なものに過ぎない。

左ページの例を見てほしい。たとえば、C列に金額の合計を集計した時点で、「そういえば、税込みだとこの金額はいくらになるんだろう？」と商品別の税込金額合計を知りたくなったような場合だ。こんなときは、隣のD列に集計フィールドを作って税込金額を求めれば、C列の税抜金額との比較ができるようになる。

集計フィールドの「数式」欄を見れば、通常のセルの場合と同様に、「＝」で始まる計算式が入っていることがわかるだろう。式の中にある「金額」という文字は、元の表の「金額」フィールドを指す。「ＩＮＴ」とはＩＮＴ（インテジャー）関数のことで、消費税額を求めたときに出る1円未満の端数を切り捨てて整数にする働きをしている。

これで「税込金額」がピボットテーブルに表示される。

「集計フィールド」はピボットテーブル上だけの"一時的な計算"

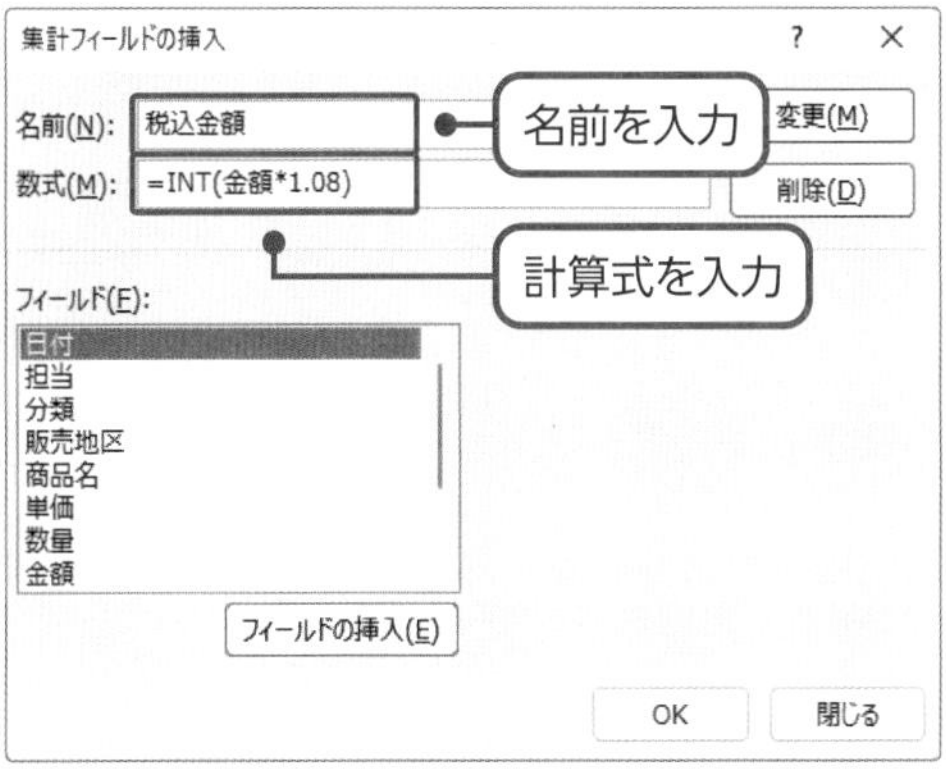

2				
3	**行ラベル**	**合計 / 数量**	**合計 / 金額**	**合計 / 税込金額**
4	カフェオレ	22,968	2,756,160	2,976,652
5	カフェオレ無糖	10,412	1,249,440	1,349,395
6	すっきり烏龍	21,446	2,359,060	2,547,784
7	ビタミン天然水	54,712	6,565,440	7,090,675
8	まろやか紅茶	37,493	4,499,160	4,859,092
9	午後のミルクティー	22,614	2,487,540	2,686,543
10	大人の珈琲	14,461	1,735,320	1,874,145
11	特選ウーロン茶	8,079	1,050,270	1,134,291
12	美味しいミネラル水	42,416	4,665,760	5,039,020
13	無糖ブレンド	43,048	5,596,240	6,043,939
14	**総計**	**277,649**	**32,964,390**	**35,601,541**
15				

集計フィールド

●「単価」×「数量」には使えない？

24ページでは、元の表に「単価」と「数量」を掛け算して「金額」フィールドを作っておく必要があると説明した。だが、フィールドを使う計算ならば、「集計フィールド」でもできるはずだ。元の表に追加せずとも、集計フィールドで「金額」を計算できるのではないだろうか。具体的には「金額の合計」のような名前で新しく集計フィールドを作り、「単価」フィールド×「数量」フィールドとなる計算式を設定すれば、商品別に金額の合計を求めることも問題なくできそうに思える。

これを実際にやってみた結果が、左ページの内容だ。商品別に「単価」×「数量」を計算し、その合計を求めたはずの結果が、ありえないほど桁の大きい数字になってしまった。

ためしに1件目の商品を見てほしい。C4セルに表示される「カフェオレ」の金額の合計は、本来ならば「2,756,160」となるはずだ。ところが、集計フィールドで求めた計算結果は、「88,197,120」となっている。ほかの商品の数値も同様だ。桁が大きすぎて、「金額の合計」として明らかに妥当な数字ではない。どうしてこんな膨大な計算結果になってしまうのだろうか。その原因を探ってみよう。

「単価」×「数量」は計算できない!?

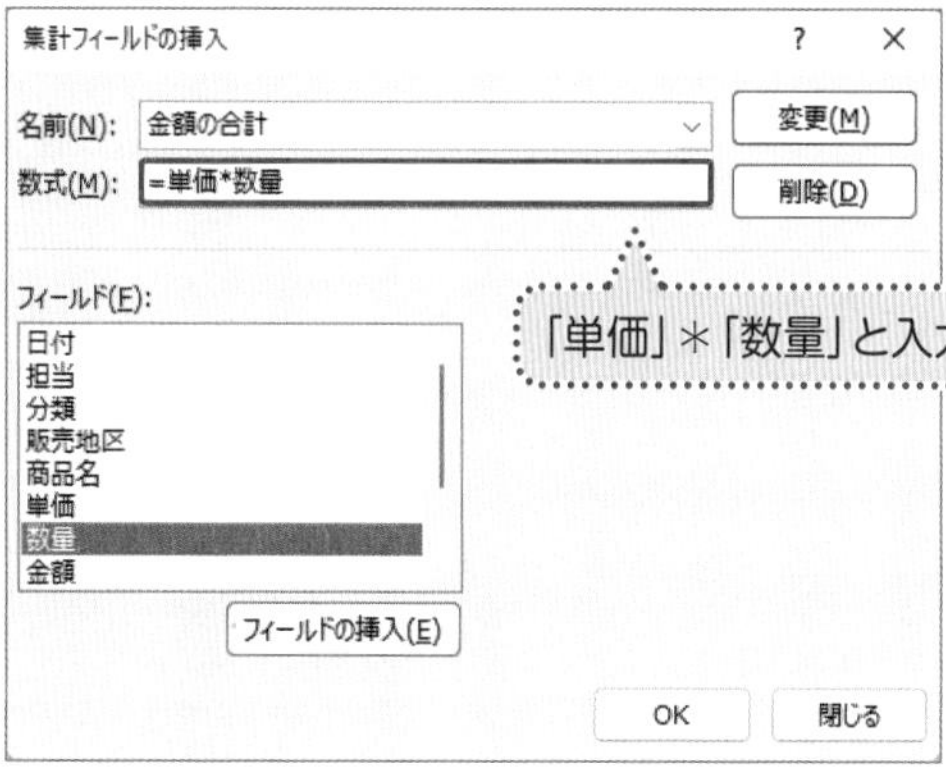

「単価」＊「数量」と入力すると

	A	B	C	D	E	F
1						
2						
3	**行ラベル**	**合計 / 数量**	**合計 / 金額の合計**			
4	カフェオレ	22,968	88,197,120			
5	カフェオレ無糖	10,412	17,492,160			
6	すっきり烏龍	21,446	167,493,260			
7	ビタミン天然水	54,712	426,753,600			
8	まろやか紅茶	37,493	364,431,960			
9	午後のミルクティー	22,614	87,063,900			
10	大人の珈琲	14,461	38,177,040			
11	特選ウーロン茶	8,079	44,111,340			
12	美味しいミネラル水	42,416	233,288,000			
13	無糖ブレンド	43,048	363,755,600			
14	**総計**	**277,649**	**15,756,580,750**			
15						

膨大な数字になってしまう！

●「列全体を合計」してから計算式が実行される

なぜ、集計フィールドで求めた数字が、本来得られるはずの計算結果にならないのか。その答えは、**集計フィールドでは、計算の順序が常とは異なる**ためだ。

左ページの例を見てほしい。69ページのピボットテーブルの1つ目の商品である「カフェオレ」の売上金額を合計する例で考えよう。

上の表は、通常のシートで金額の合計を求める場合の計算順序だ。「金額」列には、あらかじめ「単価のセル」×「数量のセル」となる計算式が入力されている。各行の掛け算の結果、求めた個別の金額を上から下まで合計すればよい。つまり、各行の「単価のセル」×「数量のセル」という掛け算の式が先に計算される。

ところが、集計フィールドの場合は違う。集計フィールドに「単価＊数量」という式を設定した場合、最初に「単価の列」、「数量の列」に入力された数字がそれぞれ合計される。次に、その合計結果どうしを掛け算するのだ。つまり、「『単価』の列の合計」×「『数量』の列の合計」という計算が行われている。集計フィールドの計算結果が天文学的な数字になってしまった原因はここにある。このため、24ページで説明したように、個々の「金額」を元の表で求めておくのだ。

集計フィールドでは正しい順序で計算されない

正しい計算の順序

❶ 単価×数量を個別に計算

日付	担当	販売地区	単価	数量	金額
2022/2/22	佐藤	A地区	120	624	74,880
2022/4/12	赤城	B地区	120	789	94,680
2022/5/6	赤城	B地区	120	497	59,640
2022/6/18	田中			624	74,880
2022/8/10	森本	C地区	120	638	76,560
2022/8/25	赤城	B地区	120	519	62,280
:	:	:	:	:	:
					2,756,160

❷ 個別の金額を合計

○

集計フィールドの計算の順序

❶ 「単価」「数量」
それぞれの列を合計

日付	担当	販売地区	単価	数量	金額
2022/2/22	佐藤	A地区	120	624	74,880
2022/4/12	赤城	B地区	120	789	94,680
2022/5/6	赤城	B地区	120	497	59,640
2022/6/18	田中	A地区	120	624	74,880
2022/8/10	森本	C地区	120	638	76,560
2022/8/25	赤城	B地区	120	519	62,280
:	:	:	:	:	:
			3,840	22,968	88,197,120

×

単価の合計

数量の合計

❷ 「単価の合計」×「数量の合計」を計算

Column

ピボットテーブルを二次利用するには

ピボットテーブルを「コピー」したあと、普通に「貼り付け」を行うと、元の表へのリンクが一緒に設定されてしまう。これでは、ファイルを移動したり、名前を変更したりしたときにリンク切れを起こし、トラブルの元になる。

そこで「値貼り付け」を使おう。通常の「貼り付け」の代わりに「値貼り付け」を実行すると、集計結果が普通の文字や数値のデータに変換されるため、元の表へのリンクは設定されなくなる。

●「元の表」とリンクさせずにピボットテーブルをコピーする

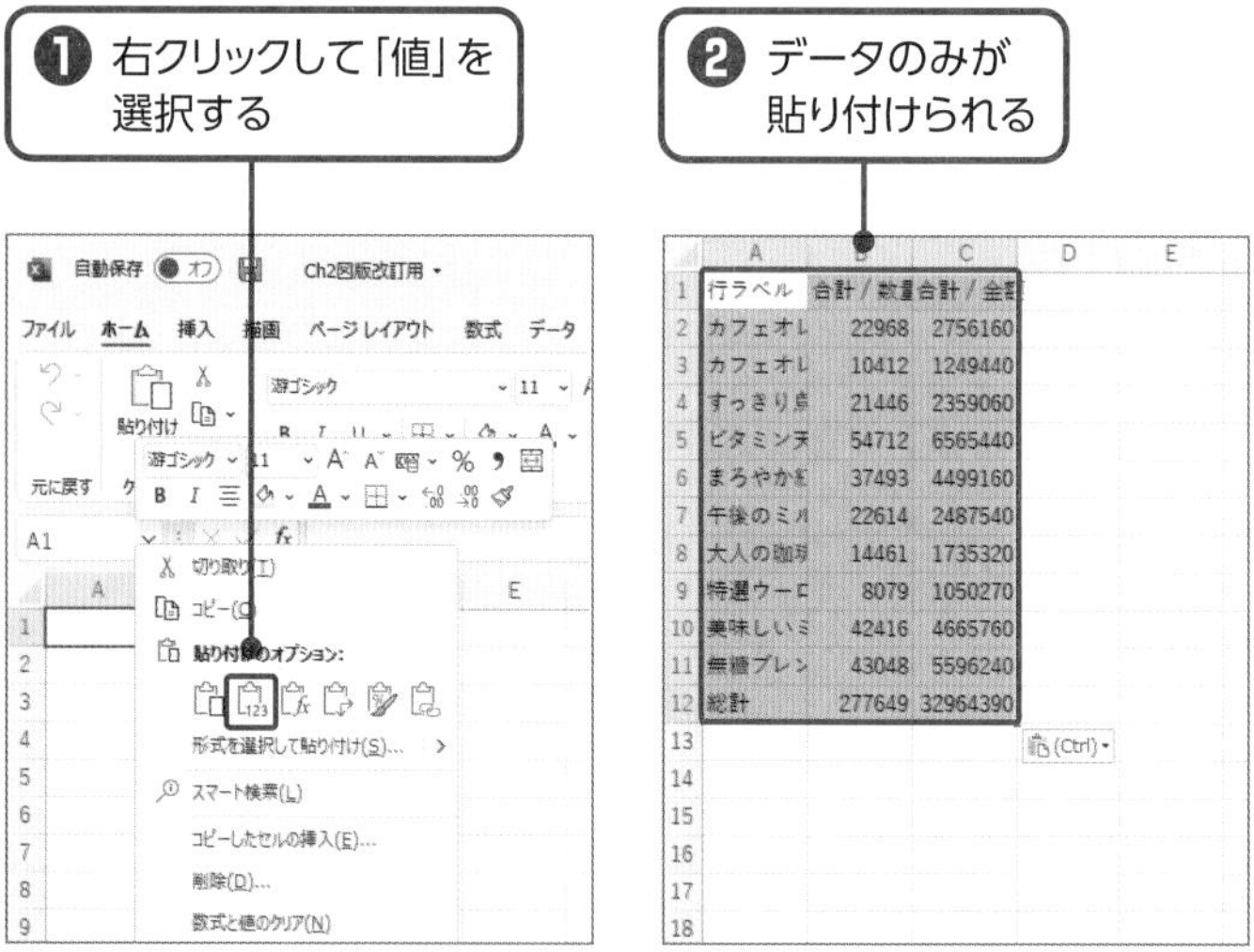

Chapter

3

クロス集計してみよう
実践ピボットテーブル

Section 13

集計の元となるフィールドを設定する

集計の柱となる「最上位フィールド」をまず設定

第3章は実践編だ。ここまでの内容を踏まえて、41ページまでの操作を終了したピボットテーブルに、肉付けしていこう。

ピボットテーブルで最初に設定するのは、**何を基準に集計するのか**だ。つまり集計のもっとも大きな柱となる属性＝「最上位フィールド」を設定する。「商品名」を基準に集計するなら「商品名」が、「顧客名」ごとに集計するなら「顧客名」が、それぞれ集計のキーになる。私たちが作成したいピボットテーブルは、「分類」を基準に集計するので、「分類」フィールドが「最上位フィールド」になる。

ピボットテーブルでは、**集計のキーとなる属性は「行」のエリアに指定**する決まりだ。したがって、設計の操作を行う「ピボットテーブルのフィールド」作業ウィンドウでは、エリアセクションの「行」ボックスへ「分類」フィールドをドラッグ&ドロップすればよい。これで、「行」のエリアに商品の分類が一覧表示されるはずだ。

「行」ボックスへドラッグ＆ドロップ

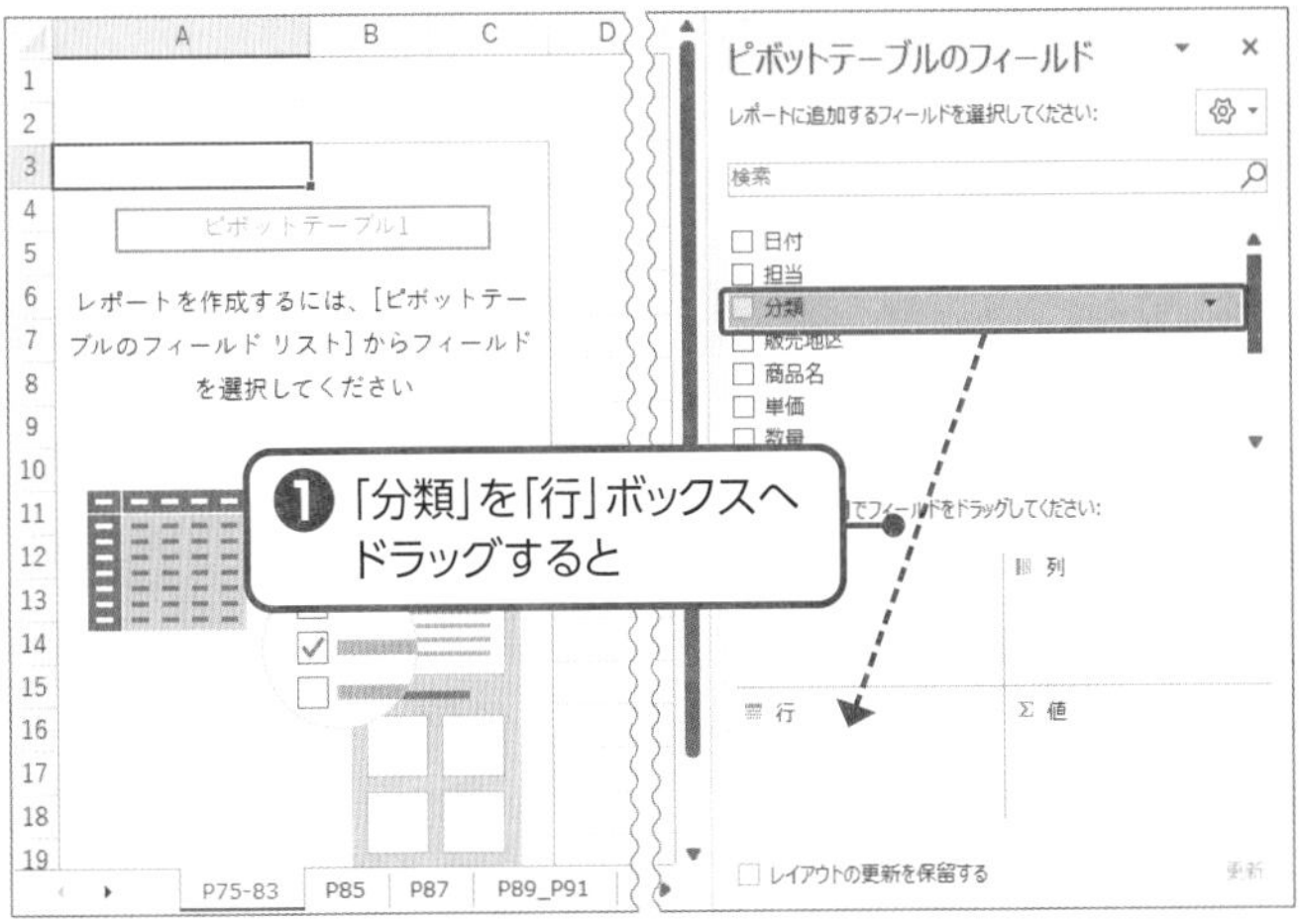

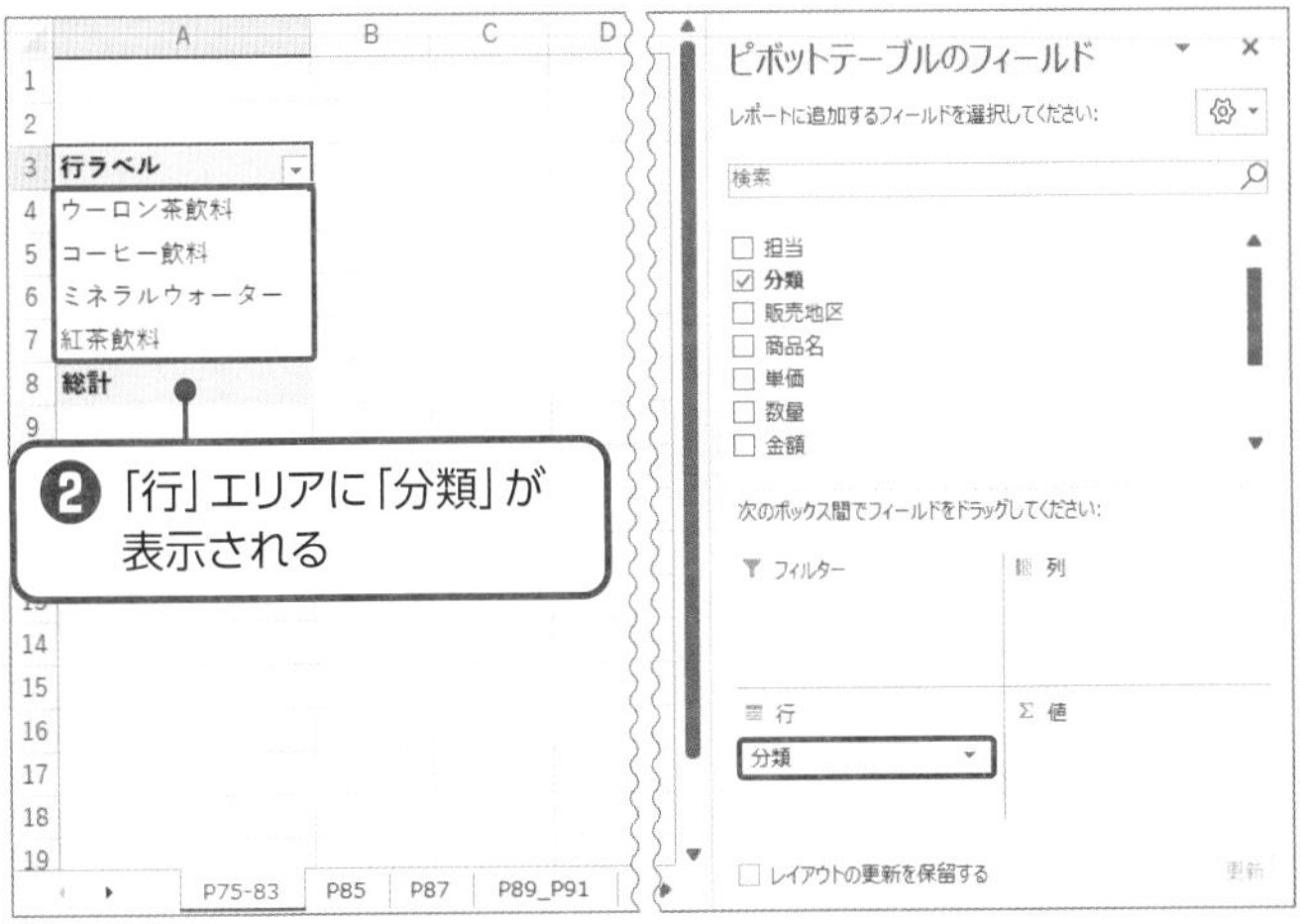

●最上位フィールドの何を知りたいかを掘り下げる

ピボットテーブルの「行」のエリアに「分類」フィールドが追加された。この状態で集計部分を設定すれば、「コーヒー飲料」、「紅茶飲料」、「ウーロン茶飲料」…といった商品分類の違いによって清涼飲料水の売れ行きにどの程度差が出るのかがわかるだろう。ここで、分析の内容をもう少し深めていこう。

単に「分類」の違いによる差を見るだけではなく、それに加えて、販売する地区によっても、どの程度売れ行きに差が出るのかを一緒に調べたい。このような場合、「分類」フィールドの下位に「販売地区」フィールドを追加する。このとき、集計の柱となるのはあくまでも最上位である「分類」フィールドだ。「販売地区」はそれに付随して調べたい情報に過ぎない。この優先順位を間違えないようにしよう。

ピボットテーブル上で実現するには、フィールドセクションにある「販売地区」フィールドを、エリアセクションの「行」ボックスにドラッグ&ドロップする。このとき、「行」ボックス内には、すでに最上位フィールドである「分類」が表示されているので、「分類」のフィールド名の下まで確実にドラッグしよう。これで、「A地区」、「B地区」…といった地区名が、各分類名の下にぶら下がって表示される。

「分類」の下位にフィールドを追加

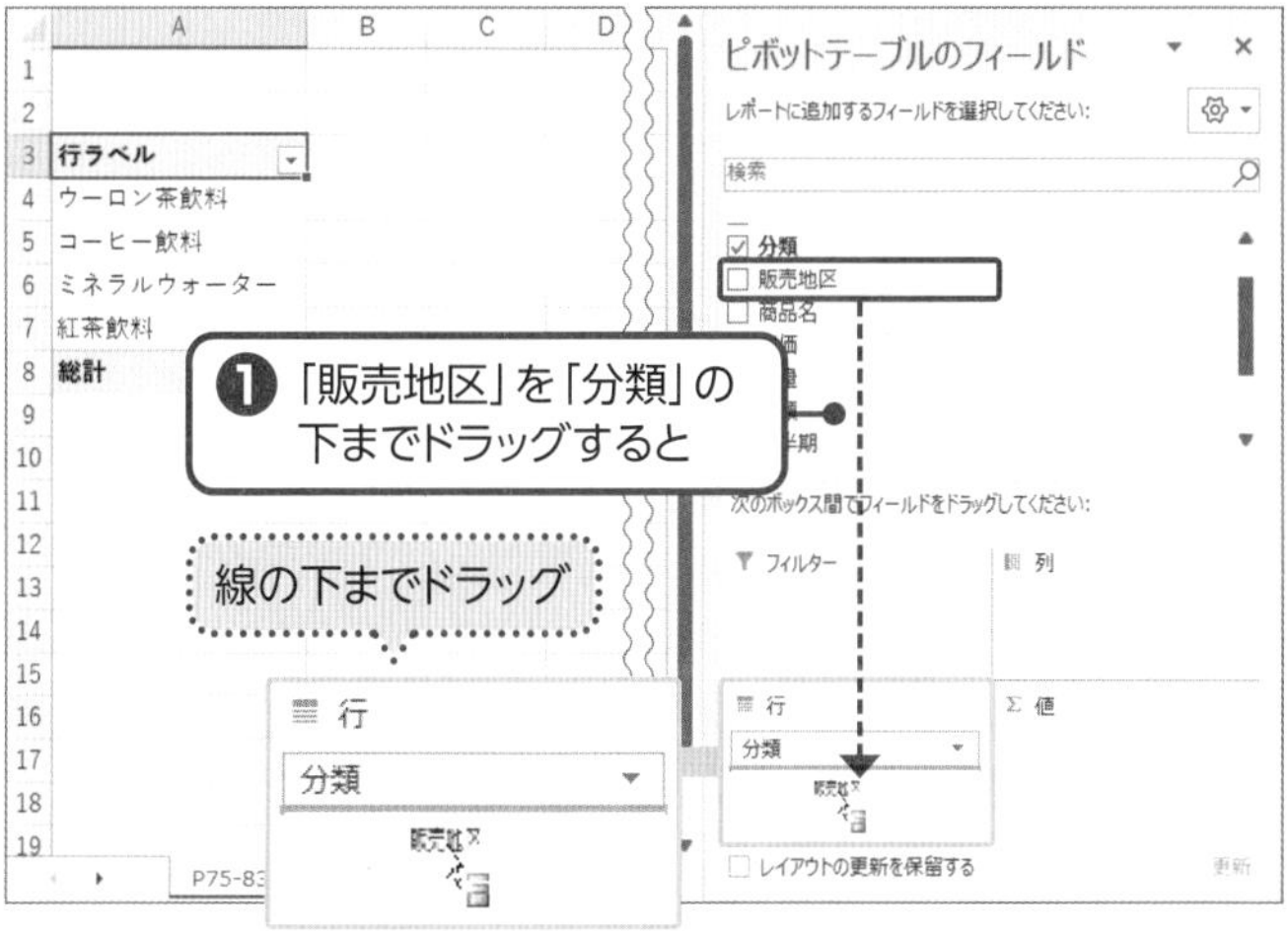

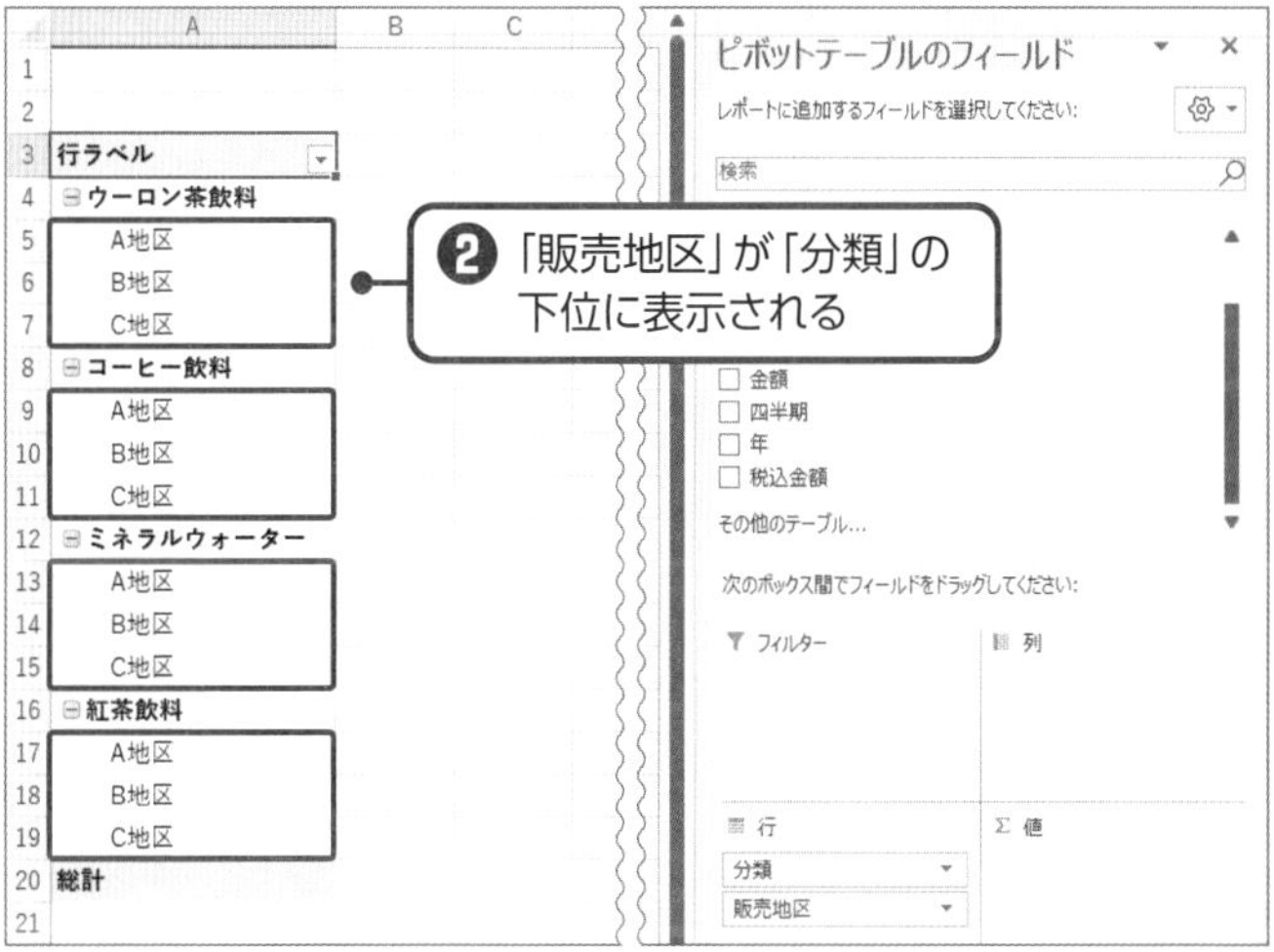

Section 14

行フィールドの階層レベルを設定する

階層レベルの上下を見分けるには

現在、ピボットテーブルには、「分類」、「販売地区」という2つのフィールドが、分析に使うキー項目（属性）として設定されている。このように「行」のエリアに複数の属性が追加されると、フィールド間には上位と下位のレベルが生まれる。ピボットテーブルを操作する際、左ページの例のように、上位と下位を見分けるとよい。

ピボットテーブルのシートでは、先頭の位置がレベルを示す。「行」のエリアに複数の項目が並んだときに、**先頭の位置が左に突き出ているものほどレベルが高く、反対に右へ下がっているものほどレベルは低くなる**。

一方、ピボットテーブルの設定を行うエリアセクションでは、フィールド名の上下の並びでレベルの上下を判断できる。**一番上に置かれたフィールド名が最上位フィールドで、フィールド名が下に来るほど階層のレベルも下がる**。エリアセクションにフィールド名をドラッグするときには、上下の位置を間違えないようにしよう。

階層の上位と下位はこう見分ける

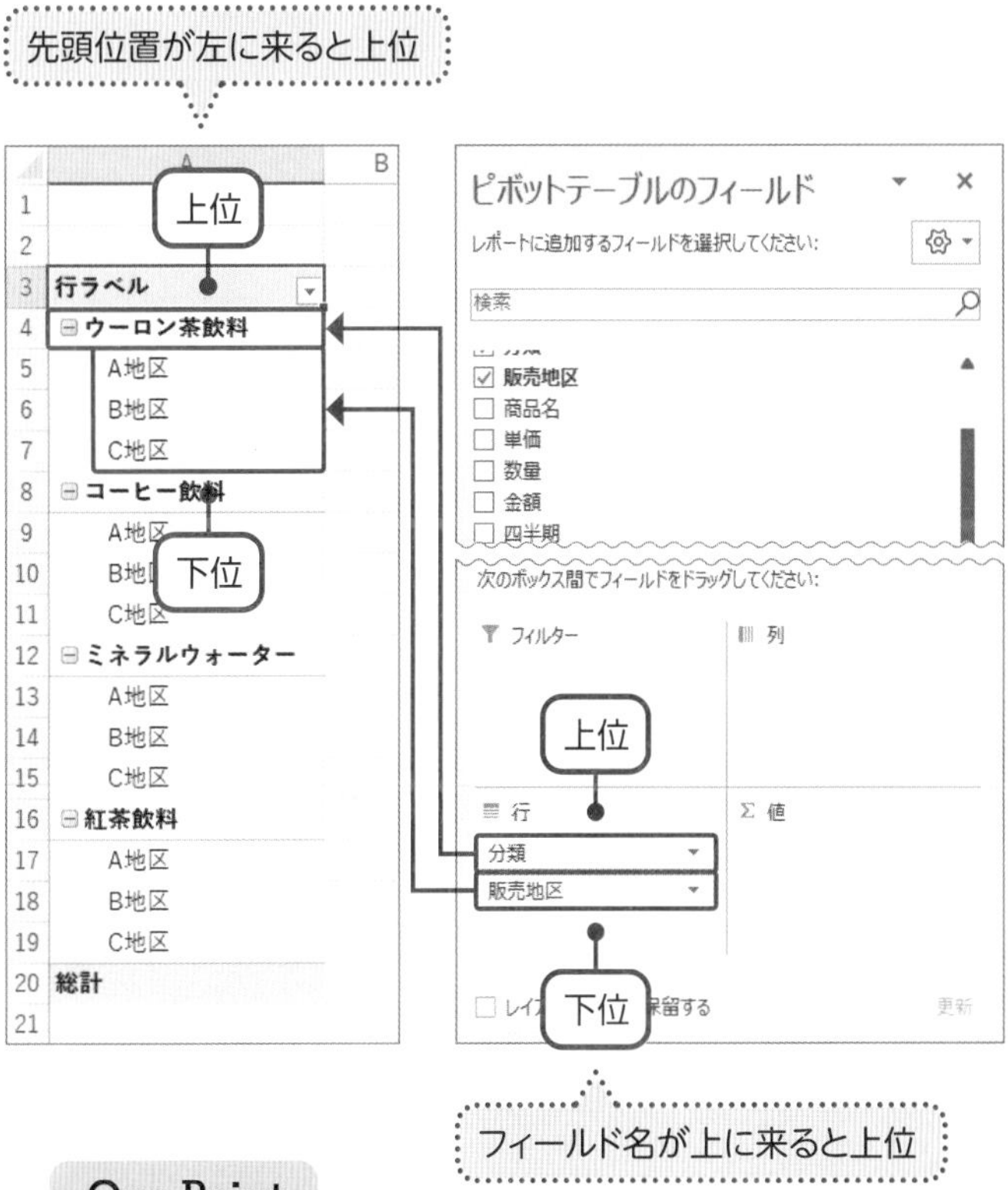

One Point

- 先頭の位置が左に出ているものほどレベルが高い
- 右へ下がっているものほどレベルは低い

●フィールドの「上位」と「下位」は変更できる

階層のレベルは、あとから変更できる。ドラッグする位置を間違えてフィールドを追加してしまっても、フィールドを削除して、追加し直す必要はない。

エリアセクションの各ボックスでは、フィールド名の上下の並びがそのまま階層のレベルの上下を表している。そして、このフィールド名は、ドラッグすれば上下の位置を簡単に入れ替えられる。エリアセクションでフィールド名の上下が変わると、ピボットテーブルでは、階層のレベルの上下が連動して入れ替わるしくみだ。

ここでは、下位に表示された「販売地区」と上位の「分類」を入れ替えてみよう。この操作は、「販売地区」のフィールド名を「分類」よりも上までドラッグ&ドロップするだけだ。ドラッグ中は、「行」ボックス内に移動先を示す横線が表示される。この横線が「分類」の上に来るのを確認してから、ドロップしよう。

これでピボットテーブルはガラリと変わるはずだ。「ウーロン茶飲料」や「コーヒー飲料」といった分類名の下に「販売地区」が表示されていたのが、階層の優先順位が変わって「販売地区」が最上位フィールドになるため、「A地区」、「B地区」……の下に「分類」が並ぶ形に変更される。

ドラッグして上位・下位を入れ替える

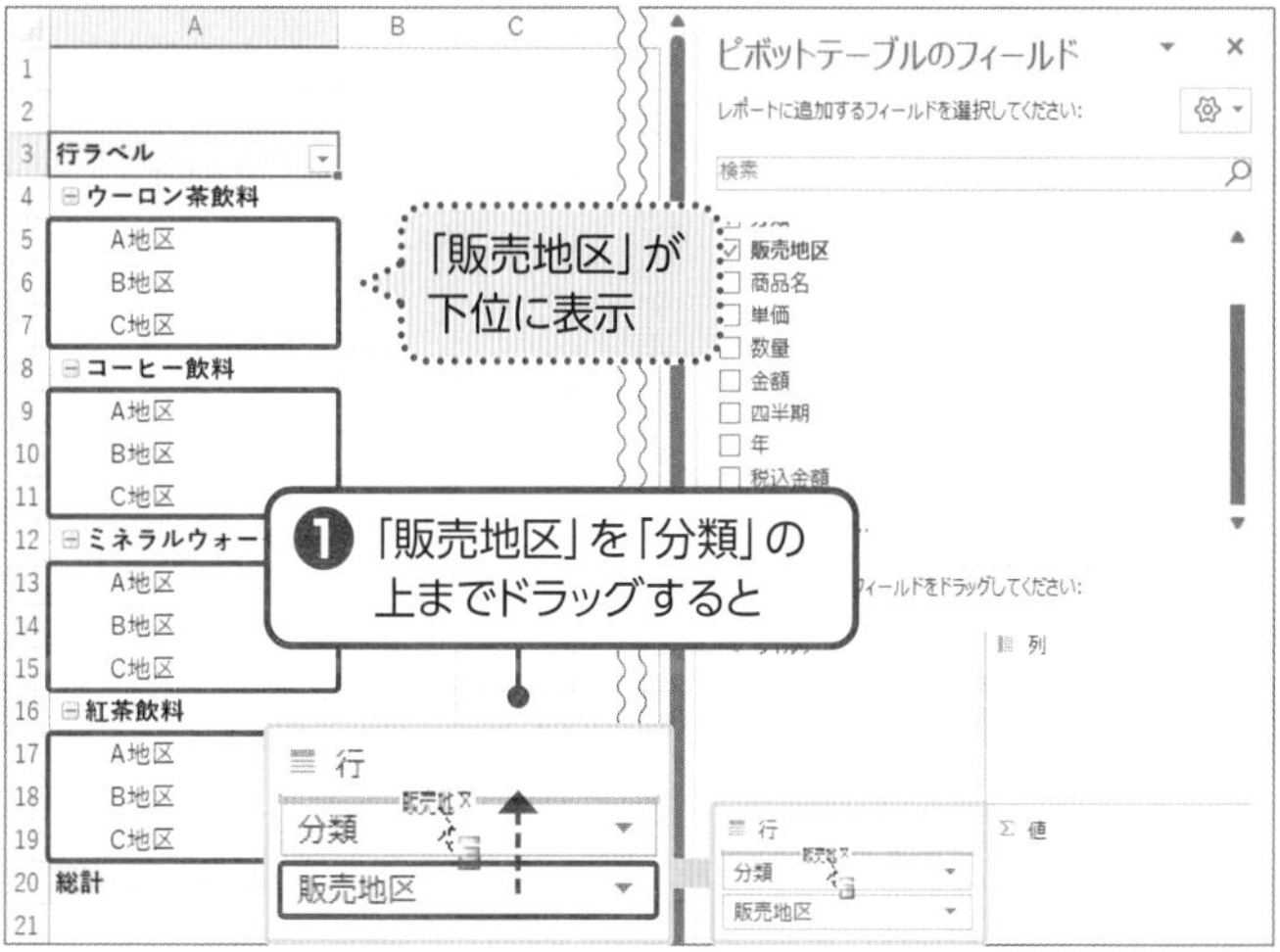

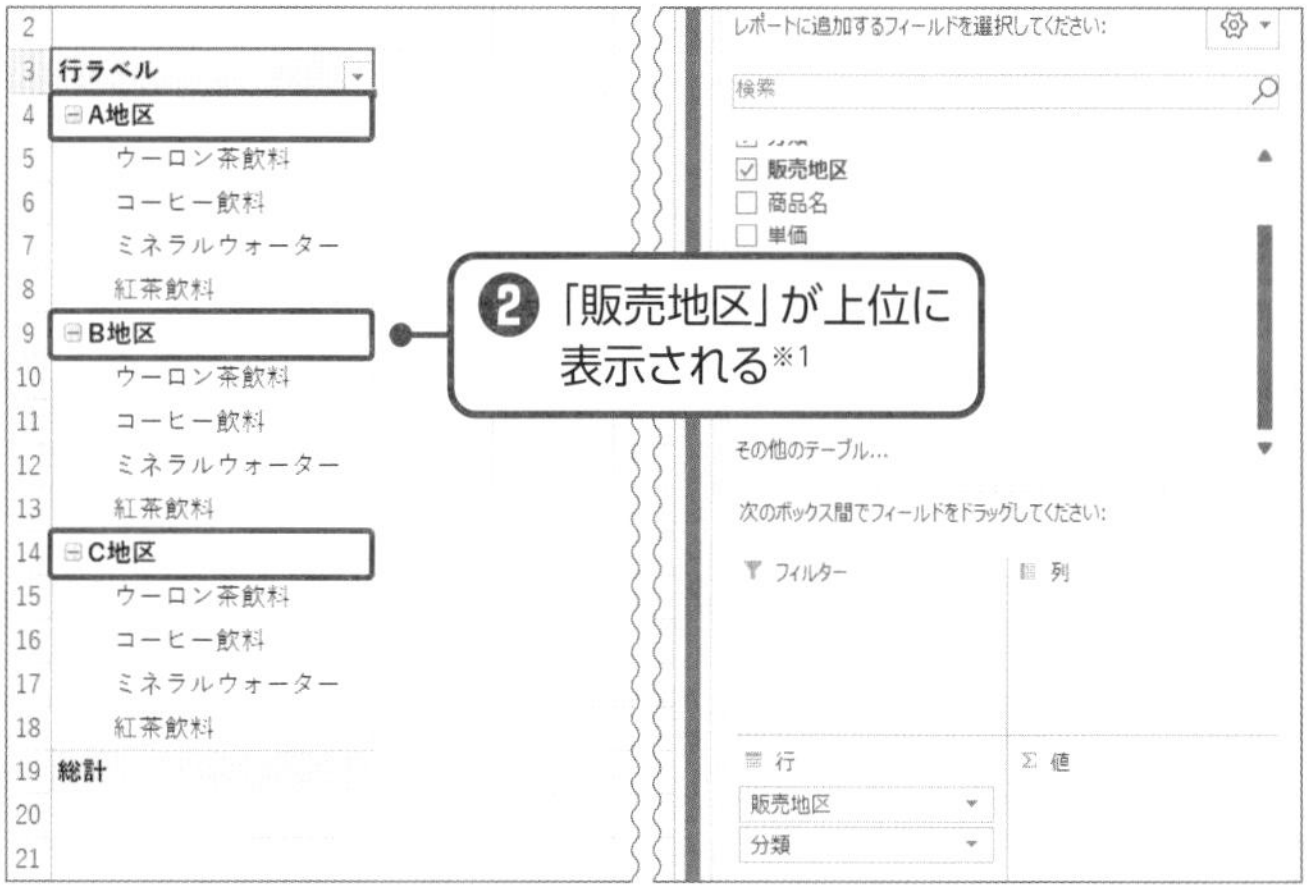

※1 このあとの操作は「分類」を最上位フィールドとして解説するので、「行」エリアで「分類」を「販売地区」の上にドラッグして戻しておく

●下位の階層は折りたたむこともできる

「行」のエリアに複数のフィールドを配置した場合、下位のフィールドは見えないほうがすっきりしてよい場合がある。たとえば、左ページの上の例で、先頭行に「ウーロン茶飲料」という分類がある。「ウーロン茶飲料」の売上については、地区別の集計結果を常に表示しておく必要がない場合だ。こんなときは「ウーロン茶飲料」の下位フィールドを一時的に隠してしまおう。

この操作は使いやすくできている。ピボットテーブルでは、下に階層を持つ上位フィールドの項目には、先頭に「－」のボタンが表示される。これが下の階層の表示を切り替えるボタンだ。ここをクリックすると、下位の階層が非表示になり、ボタンのデザインは「＋」に変わる。同じボタンをもう一度クリックすると、今度は折りたたまれていた下位の階層が再び元のように表示される。このとき、ボタンのデザインは最初の「－」に戻る。

下位の階層をすべて折りたたむと、集計表の内容は「最上フィールド」の集計結果のみになる。売上の傾向など、全体像をすばやく把握するために、細かい部分を省略したい。そんな場合に、このボタンで下位フィールドを一時的に隠してみよう。

下位の階層の表示を切り替える

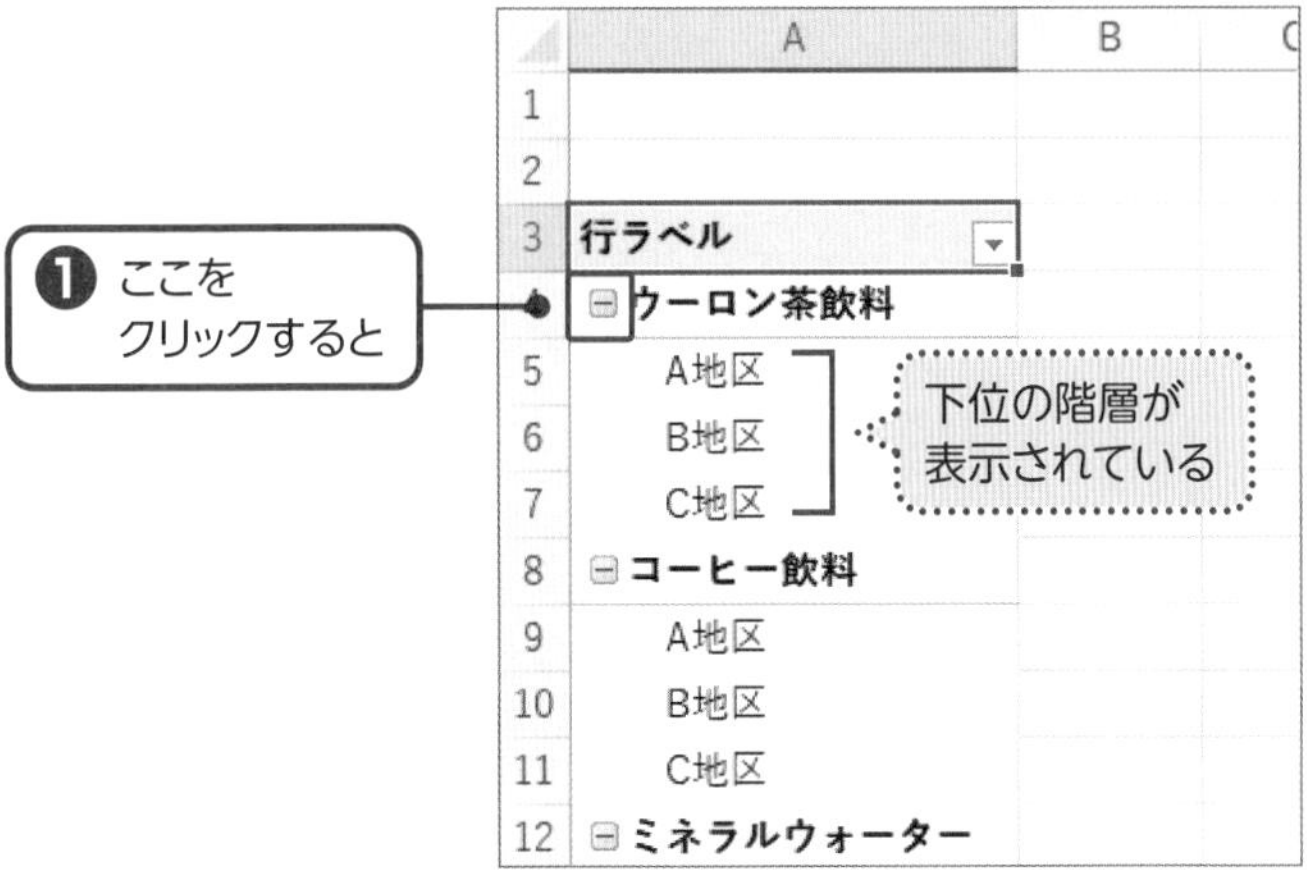

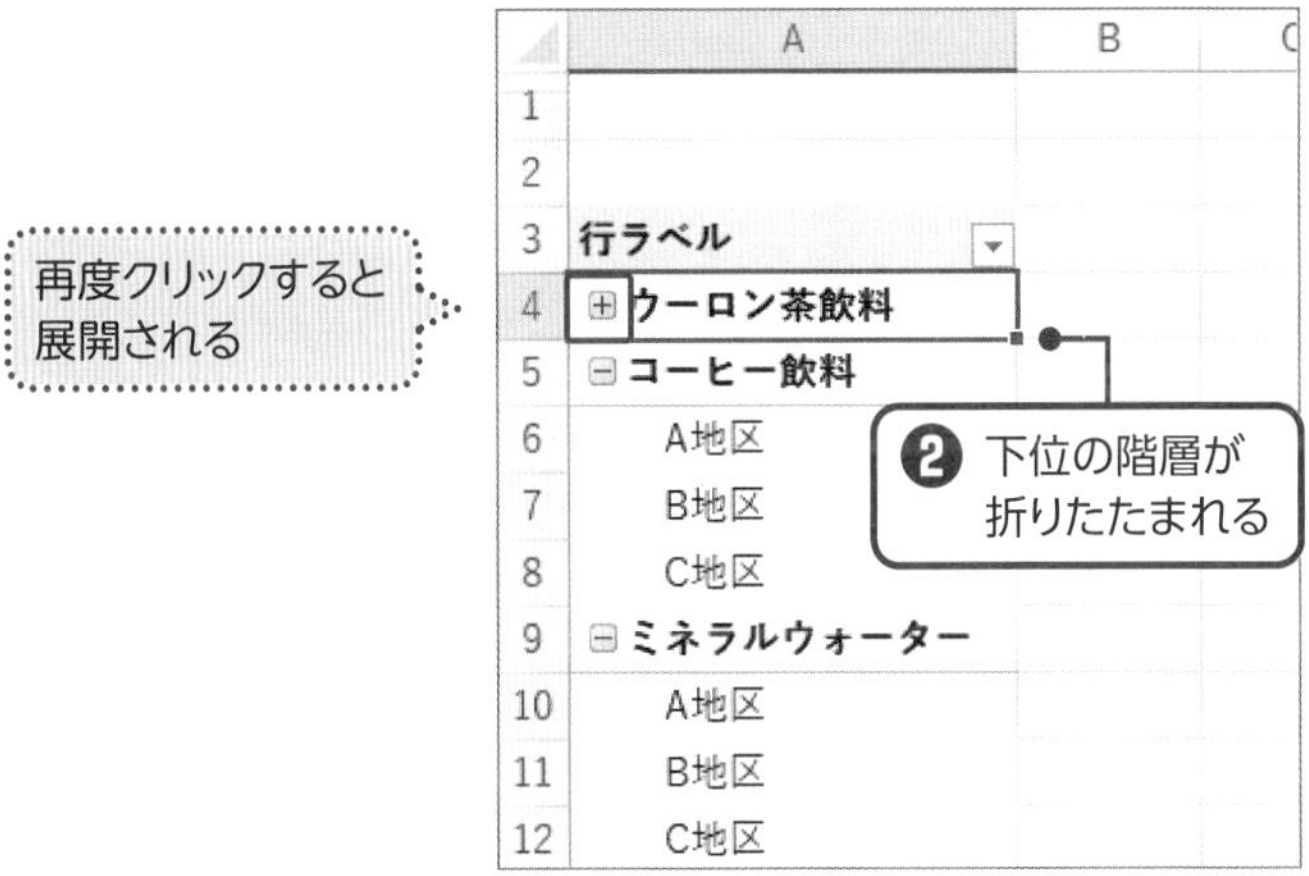

Section 15

日付での集計は非常に重要、にもかかわらずとても簡単

属性に日付フィールドを追加

ここからは日付を分析の要素に加える話を始めよう。「売上日」や「注文日」など、日付のフィールドをピボットテーブルに追加すると、**グループ化**という機能が働く。

グループ化とは、文字通り一定の範囲ごとにグループを作り、そのグループ単位で元データを集計することをいう。たとえば、元の表の「売上日」フィールドには、取引の日付が、「2020/4/1」、「2022/8/12」のようにバラバラと入力されているだろう。個々の日付のままでは、細かすぎて傾向をつかむことは難しい。

そこで「グループ化」が役立つ。複数年分たまった売上データの「売上日」や「注文日」のフィールドを、ドラッグ&ドロップで「行」ボックスに追加すると、自動的に「年」、「四半期」、「月」の3つの代表的な時間単位でグループ化され、3つのボタンが追加される。と同時に、ピボットテーブル側では、「行」エリアの指定した階層に日付のフィールドが追加される。

「販売地区」の下位に日付を追加したい

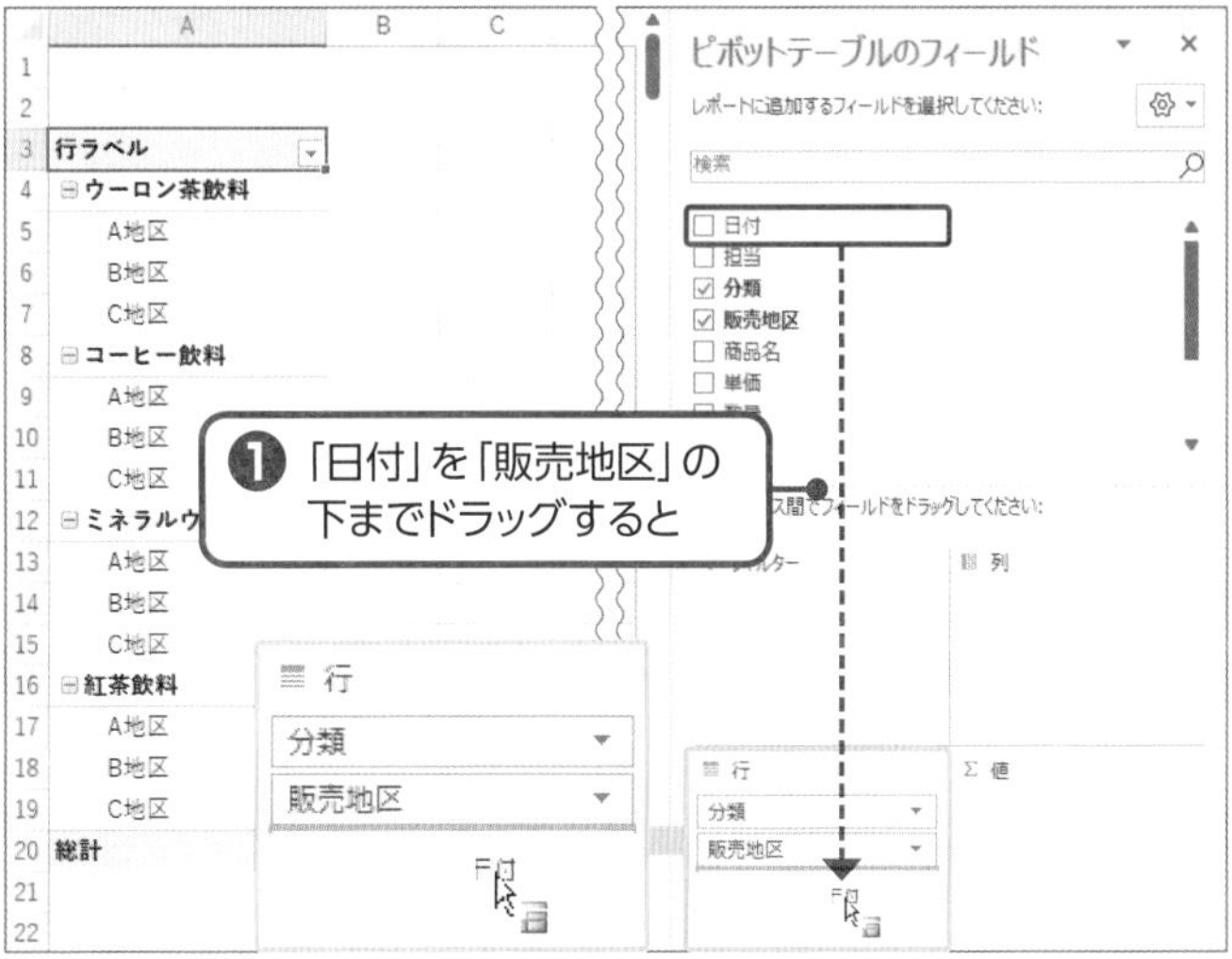

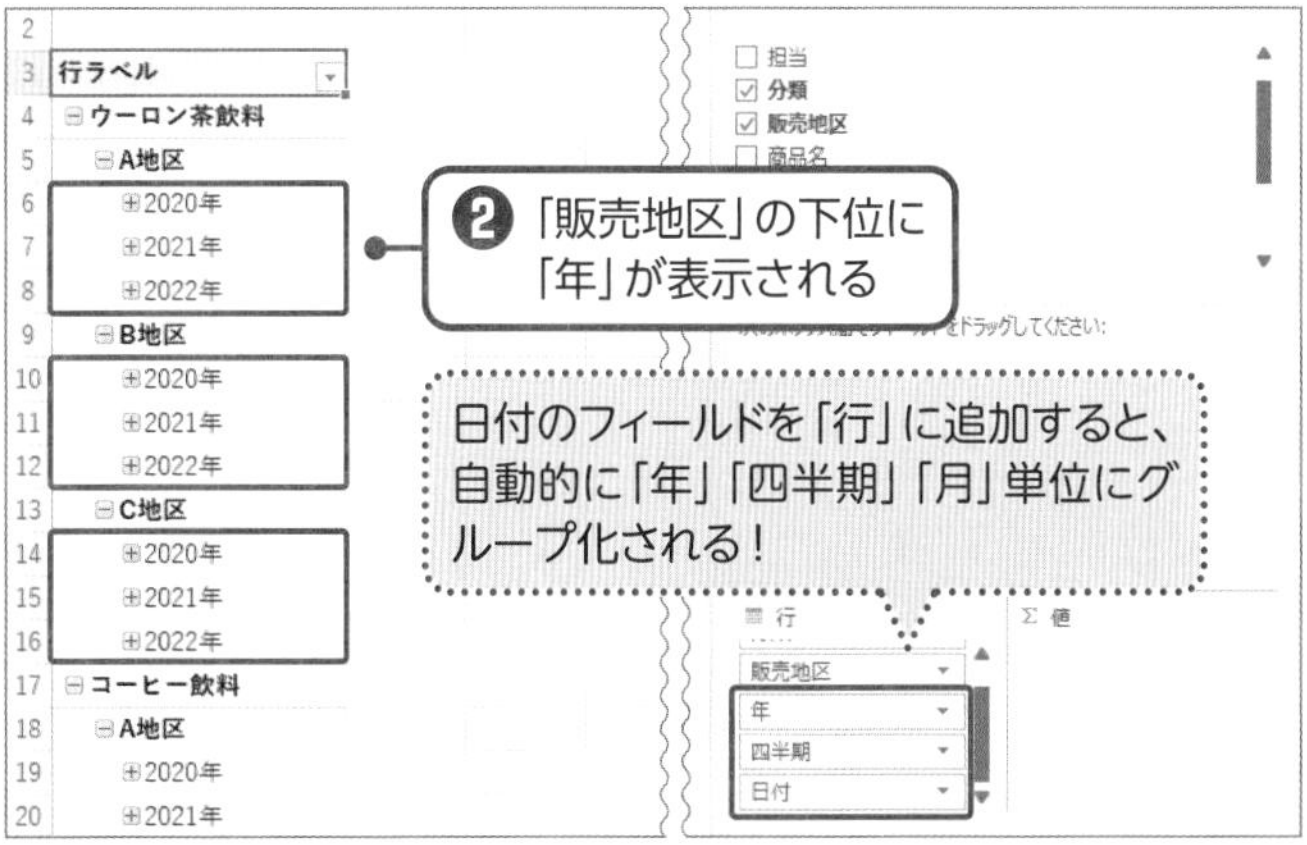

日付は下位の属性にすると扱いやすい

「グループ化」に関連して、日付のフィールドを利用する際には、注意したいポイントが1つある。それは階層レベルだ。日付とほかのフィールドの、どちらを上位（または下位）に置けばよいだろうか。

「年ごとに『金額』を合計する」など、日付は集計のキーとなる属性として使われるため、追加先は「行」のエリアになる。その際、「分類」や「販売地区」といったほかの属性のフィールドと一緒に配置すると、階層の構造になり、フィールド間には上位と下位の関係が生まれる。

このとき、日付のフィールドは、最下位に配置するのが望ましい。左ページの例では、あえて反対の最上位フィールドに「日付」を追加してみた。すると、「行」のエリアには「年」だけが表示され、「分類」や「販売地区」など下位フィールドが姿を消してしまった。これは、日付のグループ化が機能して、下の階層のフィールドが、いったんすべて折りたたまれてしまうためだ。これでは使い勝手が悪くなる。

そこで、**「日付」はほかのフィールドよりも下の階層に追加**しよう。これなら、グループ化は日付の部分だけで行われるので、上位フィールドにはおよばなくなる。

日付を「最上位」に追加してみると…

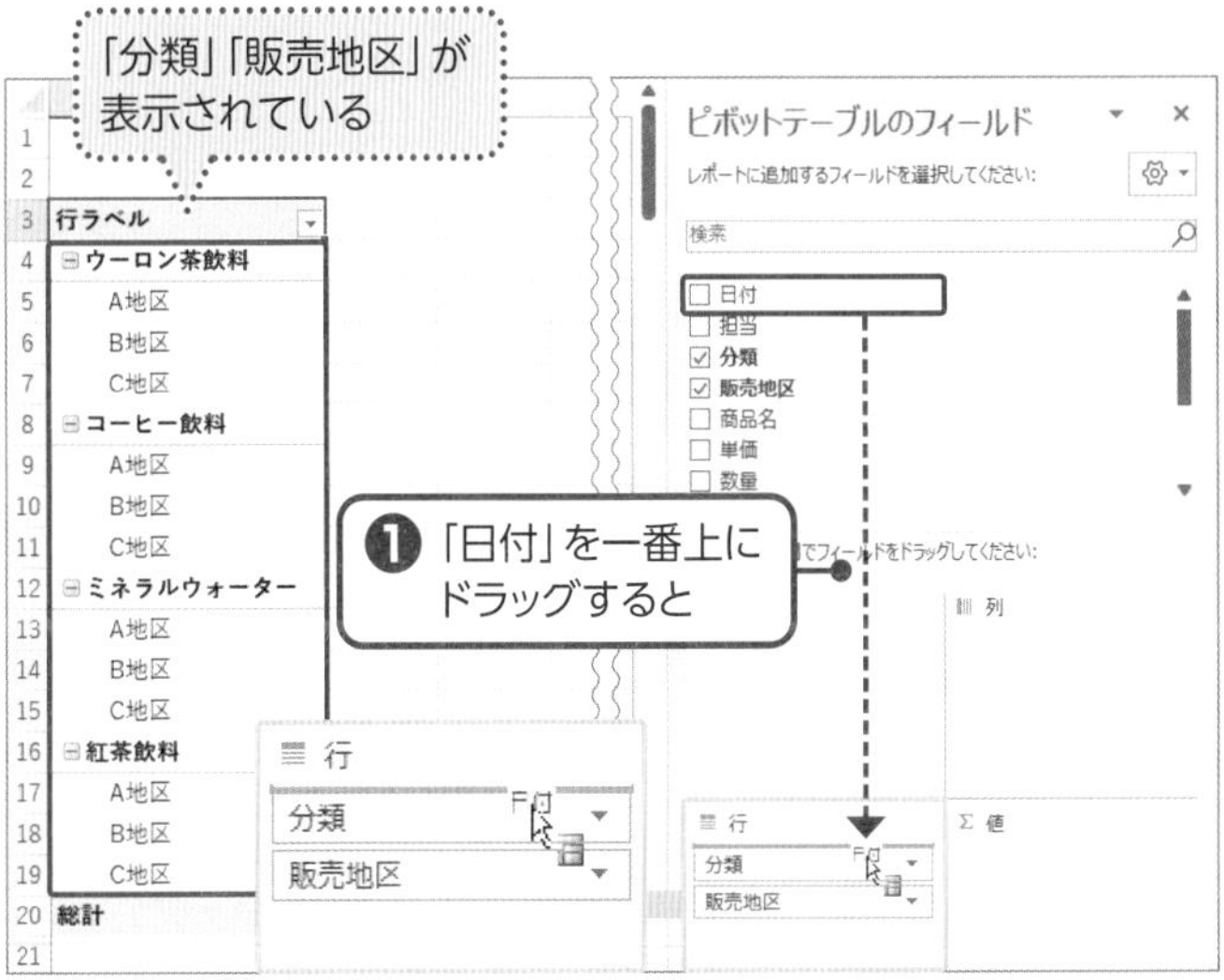

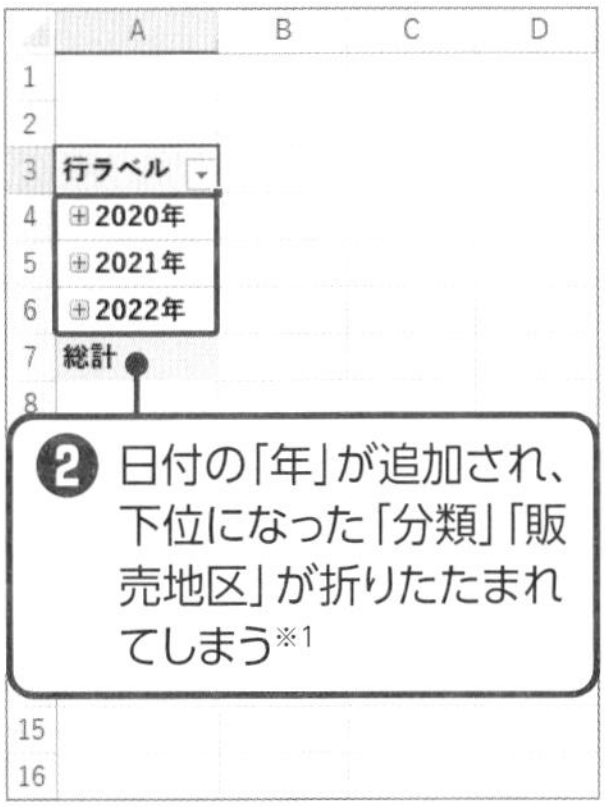

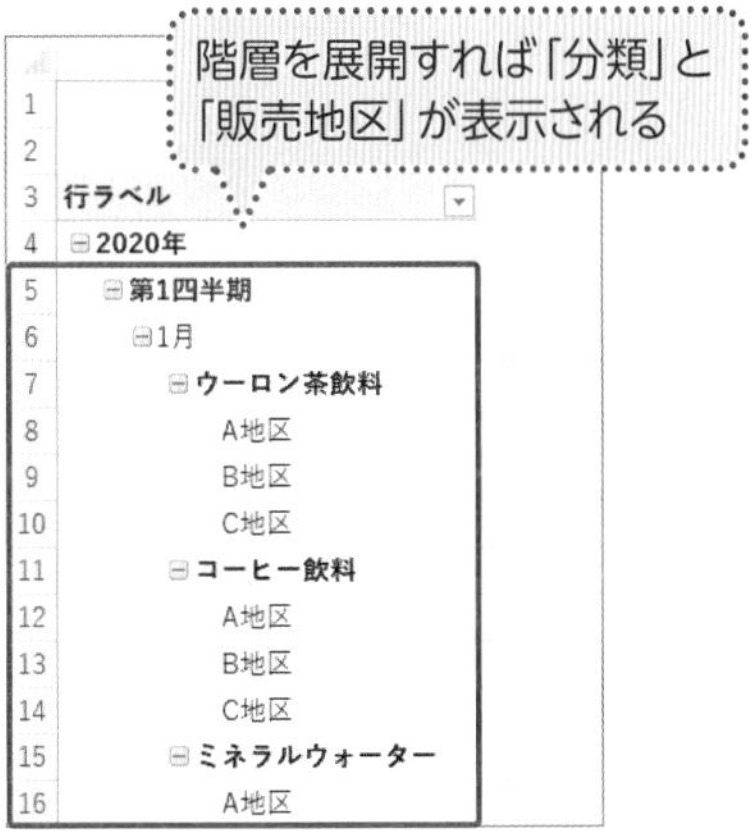

※1　このあとの解説は、85ページの通り、「日付」は「行」エリアにて一番下に追加されたものとする

Section 16

クロス集計の結果を表示させる

「列」に設定できるフィールドとは

ここまでの操作を通して、行のエリアには、すでに集計の基準となる3つのフィールドを「分類」、「販売地区」、「年でグループ化した日付」の順に設定済みだ。今度は「列」のエリアを設定しよう。

これから作りたいのは、左ページの例のような集計表だ。B列には「数量」フィールドの合計を、C列には「金額」フィールドの合計をそれぞれ求めたい。

このとき、B3からC3セルの「列」のエリアには、「数量の合計」「金額の合計」であることがわかる見出しが必要になる。つまり、**「列」のエリアに設定するのは、集計したい数値が入力されたフィールド**になる。そして、「列」のエリアを設定すれば、「行」と「列」の項目がクロスするセルには、それぞれの集計値が自動で表示されるしくみであることを思い出そう。具体的には、「Σ値」ボックスに「数量」と「金額」の2つのフィールドを設定すればよい。

「列」に“集計したい数字”のフィールドを設定

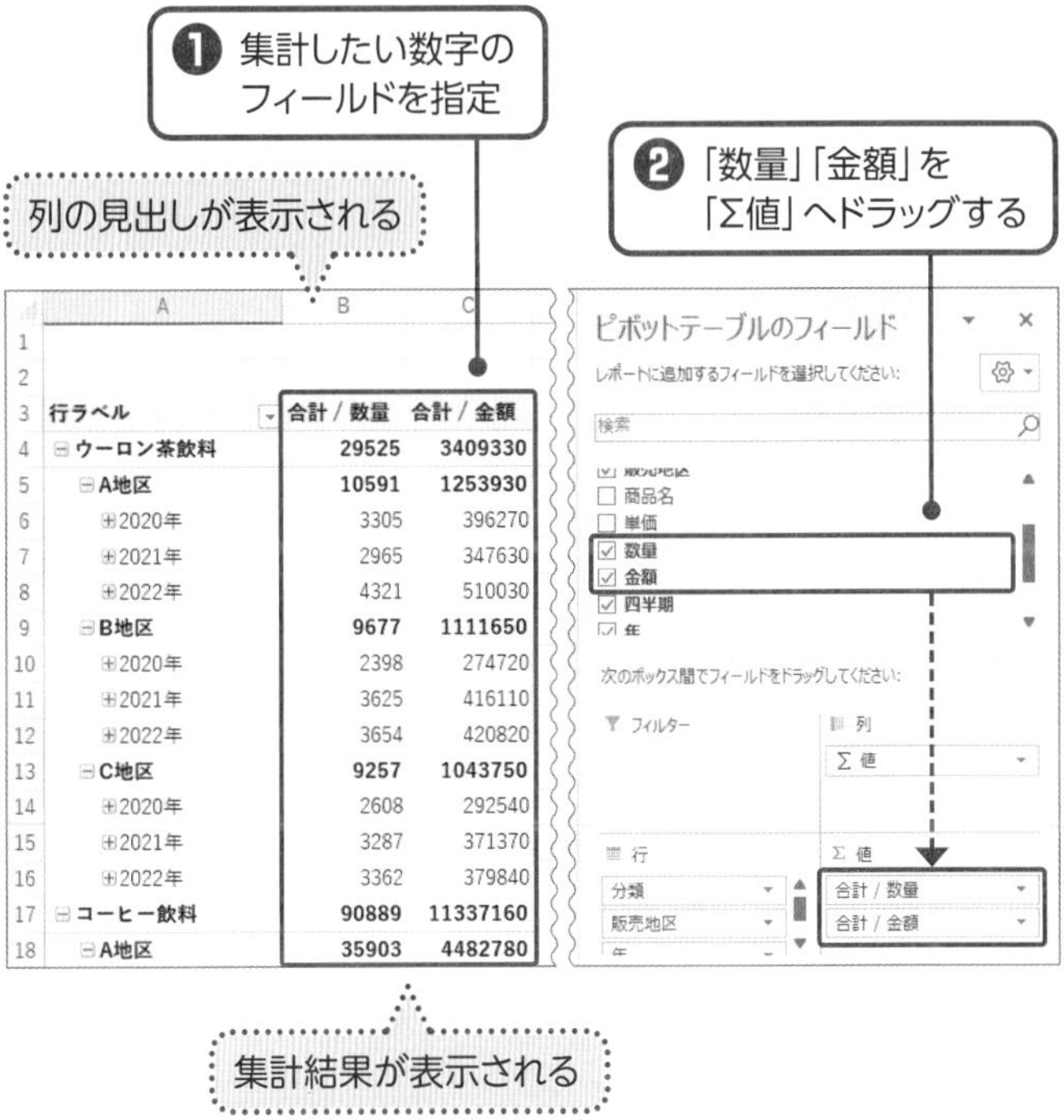

One Point

「列」のエリアに設定するのは、集計したい数値が入力されたフィールド

●「列」のエリアは「Σ値」ボックスで設定

では、実際に操作しよう。まず、「数量」フィールドを、続けて「金額」フィールドを、それぞれフィールドセクションからエリアセクションの「Σ値」ボックスにドラッグ&ドロップする。

ドラッグ&ドロップしたフィールドの数値データを元に、自動的に合計の計算が行われ、項目がクロスする位置のセルに、その集計結果が表示される。したがって、まず「数量」フィールドをドラッグした時点で、B列に「合計/数量」という見出しの付いた列が追加される。ここには、元の表の「数量」フィールドに入力された各商品の販売数が、「分類」別、「販売地区」別、販売された「年」別に合計される。フィールド名をドラッグするだけで、これらの集計の内訳が正しく求められるのだ。

続けて、「金額」フィールドを「Σ値」ボックスまでドラッグ&ドロップすれば、「数量」フィールドと同じように、集計結果が瞬時に表示される。

なお、**「Σ値」ボックス内でのフィールド名の並びは、ピボットテーブルの列の配置に反映される**。集計された列の左右の順番を入れ替えたいときは、「Σ値」ボックス内で、フィールド名のボタンをドラッグして上下を入れ替えればよい。

「Σ値」ボックスに数字のフィールドを指定

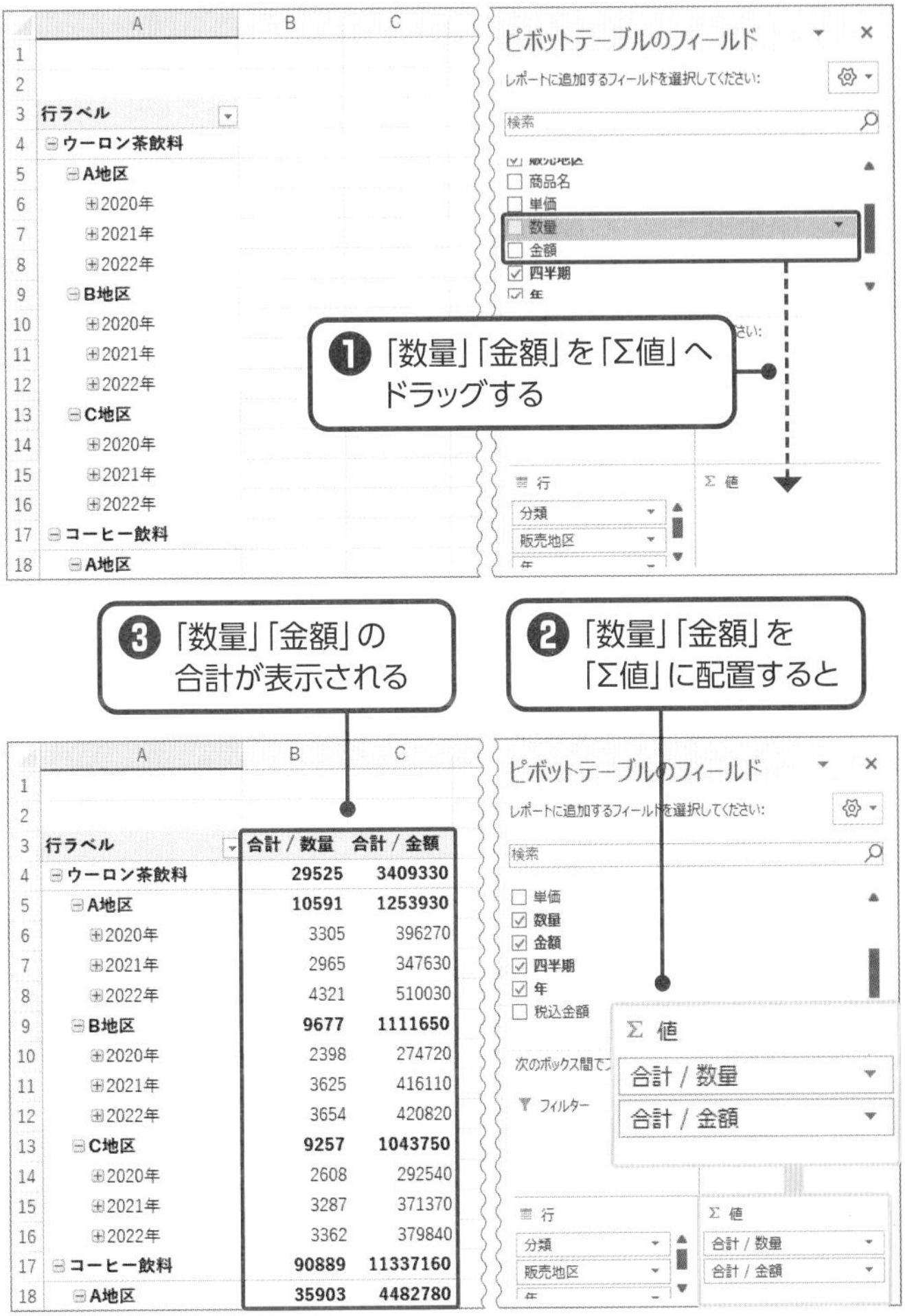

●属性のフィールドを「Σ値」に指定するとどうなる？

「商品名」や「分類」など、**文字データが入力されたフィールドを「Σ値」ボックスに配置すると、合計ではなくそのフィールドの「個数」が求められる**。

左ページの例を見てほしい。「Σ値」ボックスに「商品名」を指定すると、クロス集計される結果のセルには、その商品名が入力されたセルの個数が求められる。つまり、元の表の「商品名」の列に「カフェオレ」と入力されたセルが32個ある場合、「32」と表示されるわけだ。

63ページでも集計方法の1つとして紹介したが、**「個数」は、出現回数を知りたいときに使う**。「個数」を求めれば、その商品の販売や注文があった回数がわかるため、頻繁に注文が入る商品かどうかなどを知る指標になる。

次に、「列」ボックスを使ってみよう。属性のフィールドは、「行」ボックスだけでなく「列」ボックスにも配置できる。配置すると「列ラベル」と表示されたセルの下に項目見出しが右方向に並ぶ。ただし、項目が右へ広がるため、集計表が横に間延びしてしまう。集計に使う属性は、「行」のエリアに配置すればよいため、レイアウト上、扱いの難しい「列」ボックスは、本書では使用しない。

属性を「Σ値」に配置すると「個数」が求められる

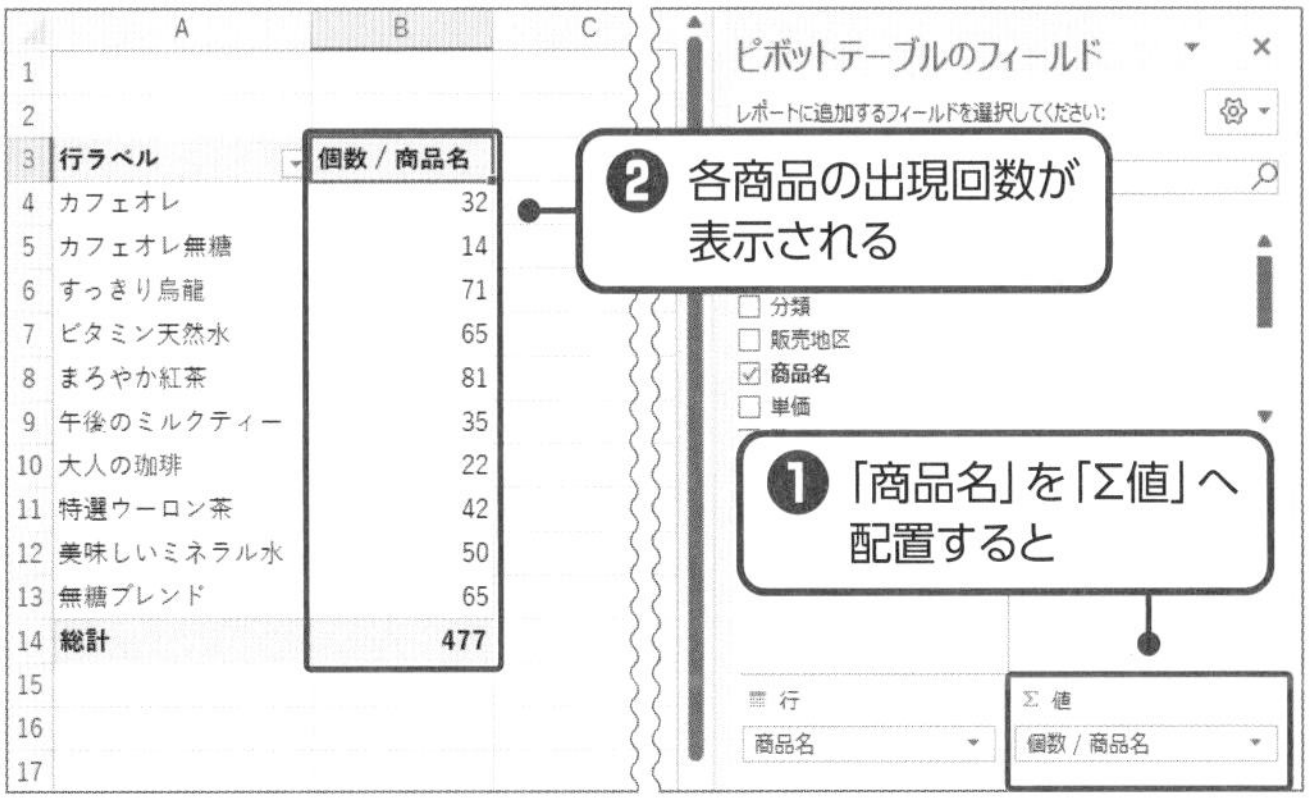

属性を「列」に配置すると、表が横長になりすぎる

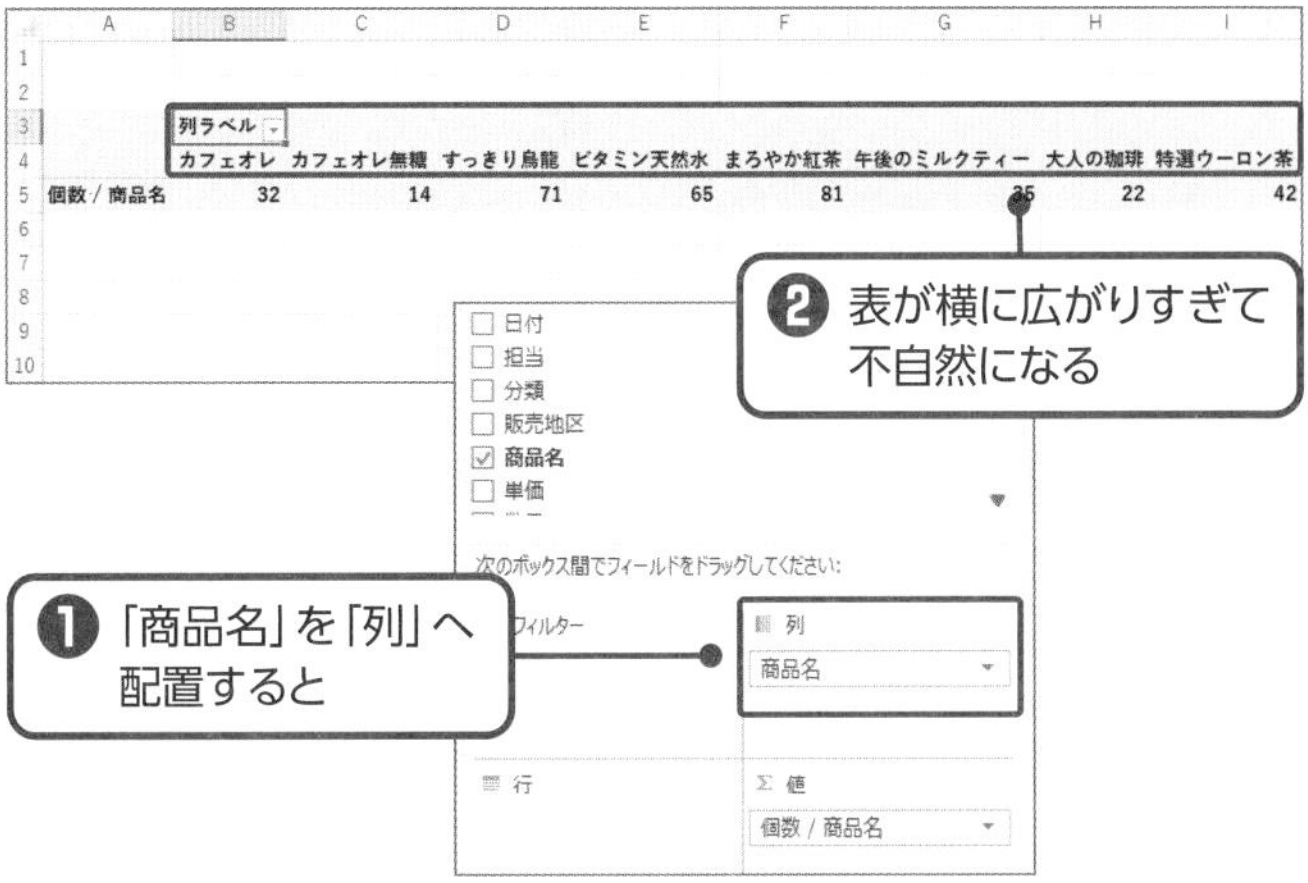

Section 17

自分で作った計算式で知りたい値を表示する

集計の種類は「合計」だけではない

「合計」、「平均」といった集計だけでなく、自分で思い通りの計算式を組み立てることもできる。このときに利用するのが**集計フィールド**だ。集計フィールドは、**オリジナルの計算式を入力し、ピボットテーブルにその計算結果を表示する機能**のこと。計算には元の表のフィールドを参照させることができる。

集計フィールドをピボットテーブルに挿入するには、「集計フィールドの挿入」ダイアログボックスを使う。このダイアログボックスを表示する方法は、左ページで解説する。最初に、ピボットテーブル内の任意のセルをクリックする。これで、エクセルがピボットテーブル全体の範囲を認識し、ドラッグしてピボットテーブル全体を範囲指定する必要がなくなる。また、セルをクリックすると、ピボットテーブルのカスタマイズを行う「ピボットテーブル分析」タブが表示される。なお、表示された「集計フィールドの挿入」ダイアログボックスの使い方は、96ページで説明する。

ピボットテーブルに独自の計算式を表示する

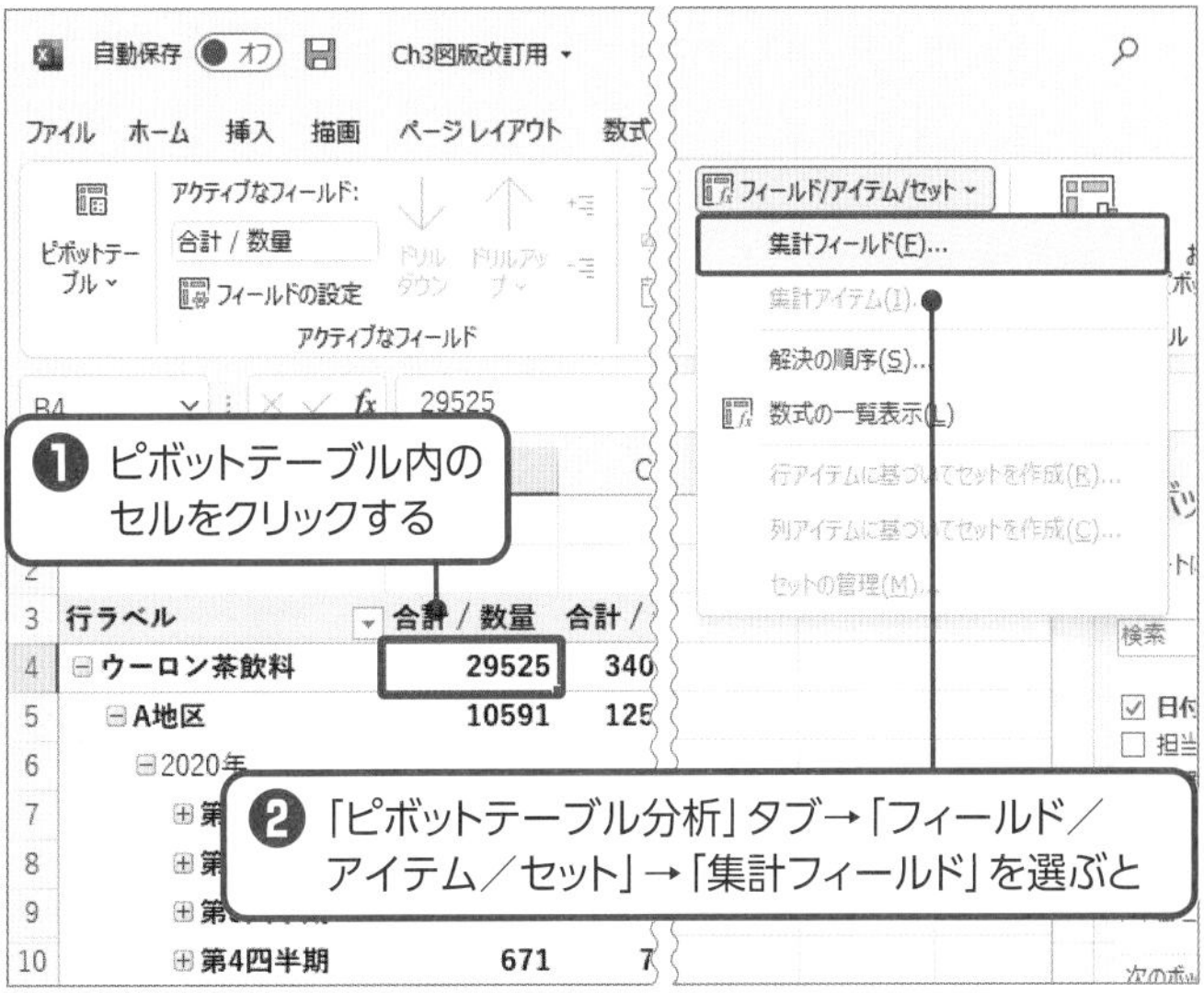

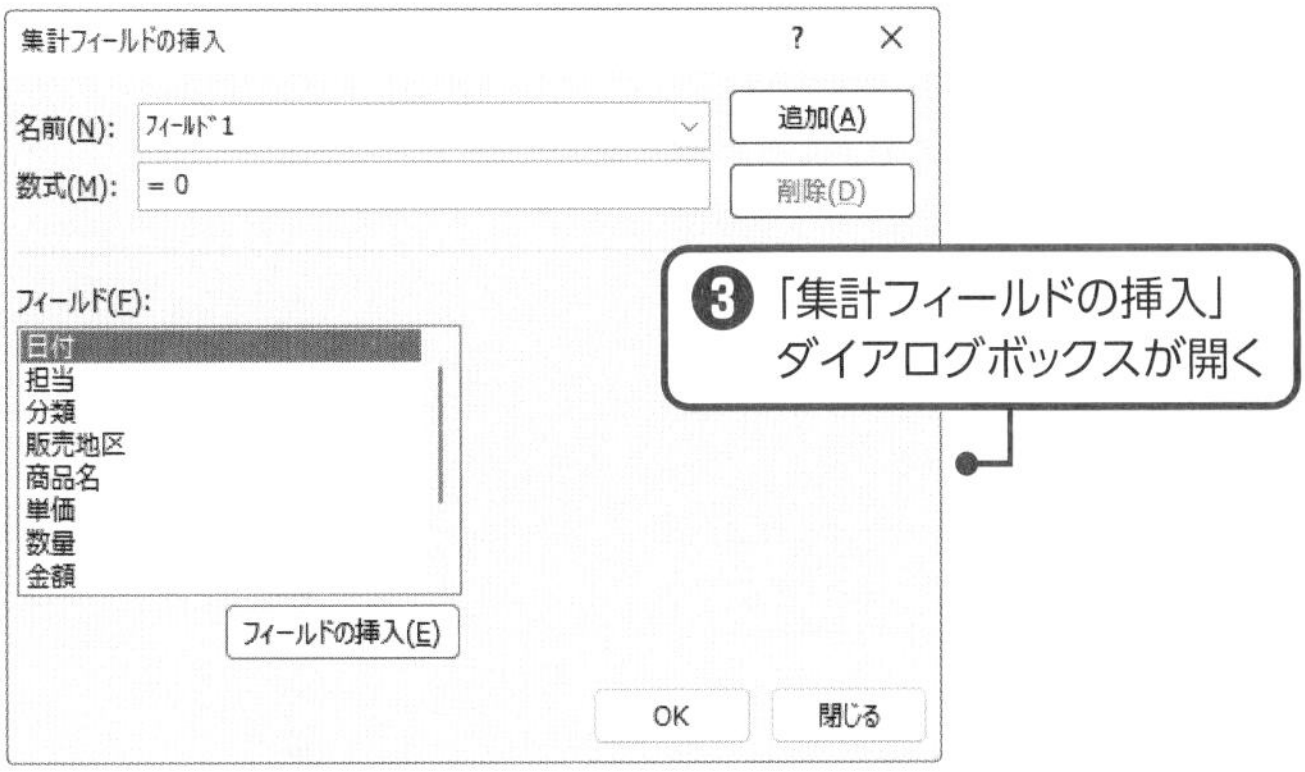

●フィールドを使ったオリジナルの計算式を作る

「集計フィールドの挿入」ダイアログボックスが開いたら、オリジナルの集計を設定しよう。ここでは、税込金額を求める計算式を指定する。指定が必要な箇所は2つある。

1つ目は「名前」欄だ。**作成する集計フィールドには、管理上、名前を付ける必要がある**。ただし、既存のフィールド名と同じ名前は設定できない。

そして2つ目は肝心要の計算式だ。66ページでも説明したように、基本的にはセルに入力する数式とルールは同じだ。ここでは、税込金額を求める式を「＝INT(金額＊1.08)」と入力した。この数式は、『金額』フィールドの数値に1.08を掛け算し、求められた計算結果の1円に満たない小数部分を切り捨てる」という意味になる。集計フィールドの中では、四則演算のほか、一部の関数も利用できる。

式自体はキーボードからの手入力になるが、「商品名」や「金額」といったフィールド名は、ダイアログボックスの「フィールド」の一覧からクリックして式に入れることができる。こうして完成した「集計フィールド」には、計算の結果が表示される。なお、集計フィールドの名前は、１０２ページの手順であとから変更できる。

税込金額を計算する式を作る

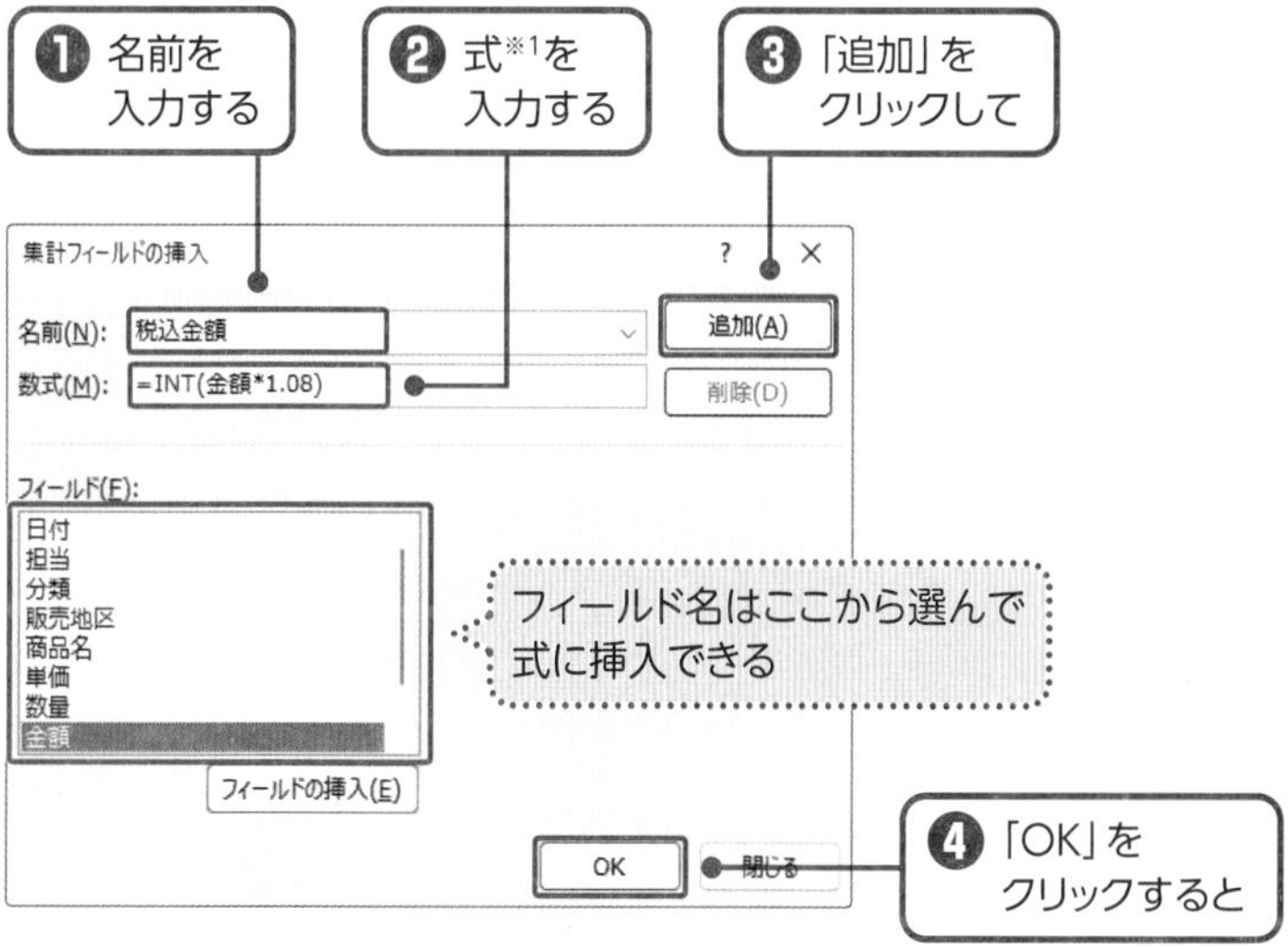

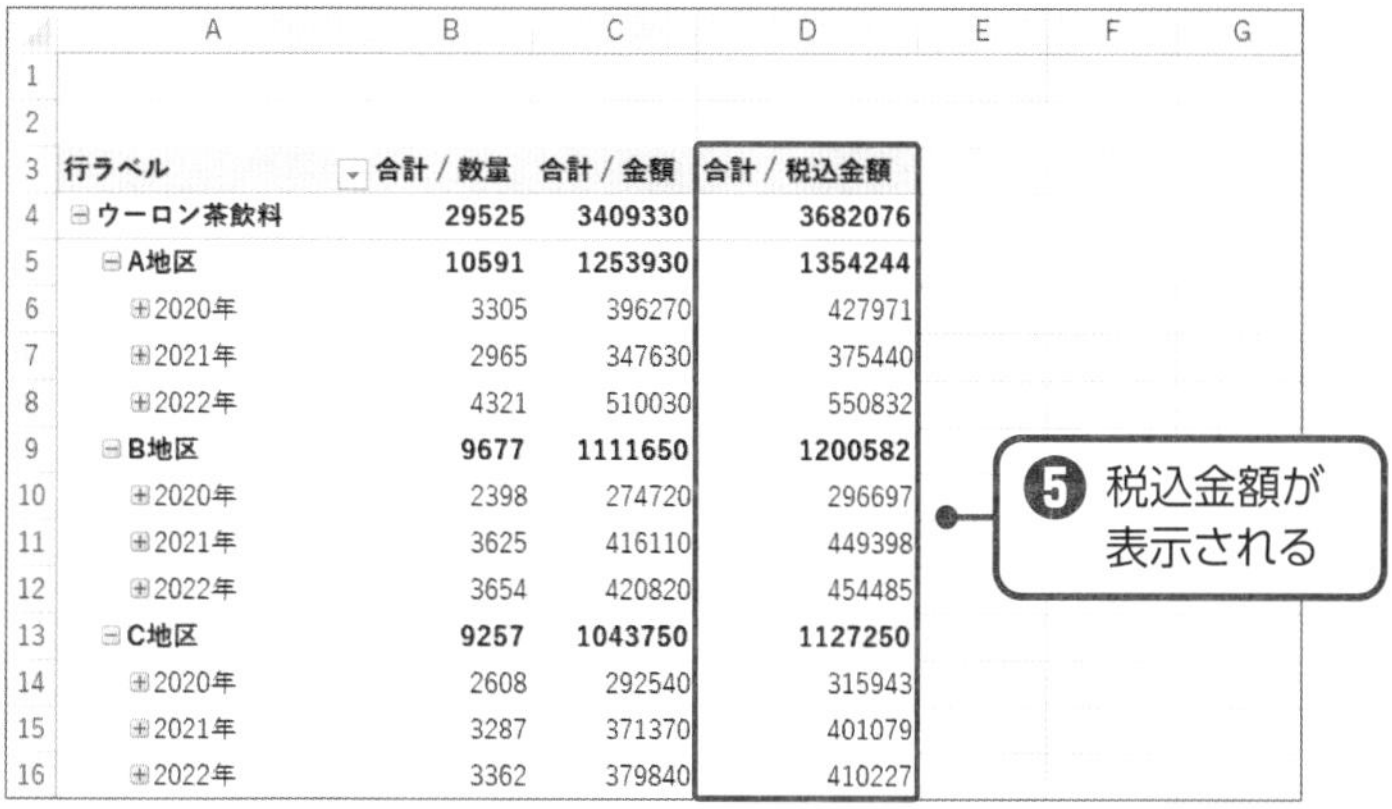

	A	B	C	D
1				
2				
3	行ラベル	合計 / 数量	合計 / 金額	合計 / 税込金額
4	⊟ウーロン茶飲料	29525	3409330	3682076
5	⊟A地区	10591	1253930	1354244
6	⊞2020年	3305	396270	427971
7	⊞2021年	2965	347630	375440
8	⊞2022年	4321	510030	550832
9	⊟B地区	9677	1111650	1200582
10	⊞2020年	2398	274720	296697
11	⊞2021年	3625	416110	449398
12	⊞2022年	3654	420820	454485
13	⊟C地区	9257	1043750	1127250
14	⊞2020年	2608	292540	315943
15	⊞2021年	3287	371370	401079
16	⊞2022年	3362	379840	410227

※1　自販機などで販売される飲料品は軽減税率8%

●ピボットテーブルには何が集計されたか

ここで、シートに表示されたピボットテーブルの内容を見直して、何をどのように集計しているのかを確認しておこう。

まず「行」のエリアには、集計の基準となる属性フィールドが3つ指定されている。最上位フィールドは「分類」だ。商品分類を入力した「分類」フィールドを元に、「ウーロン茶飲料」、「コーヒー飲料」…といった商品区分ごとにデータが集計されている。次に、販売地区による売上の差がわかるよう、2番目の階層として「販売地区」フィールドを指定した。さらに、販売時期ごとにまとめて傾向を確認できるよう、「日付」を3番目の階層に設定している。

「列」のエリアには3つの集計値を表示した。B列には「数量」の合計を、C列には「金額」の合計をそれぞれ求めた。これら2つの集計は、元の表の「数量」フィールドと「金額」フィールドのデータを元に算出している。これは、「Σ値」ボックスに2つのフィールドをドラッグするだけで自動的に集計された。

最後に、「集計フィールド」の機能を使って、D列に税込金額を求める計算式を作成した。集計フィールドによって、独自の計算式での集計も可能になった。

完成したピボットテーブル

数量・金額を合計し、税込金額を算出できた！

	A	B	C	D	E
1					
2					
3	行ラベル	合計 / 数量	合計 / 金額	合計 / 税込金額	
4	⊟ウーロン茶飲料	**29525**	**3409330**	**3682076**	
5	⊟A地区	**10591**	**1253930**	**1354244**	
6	⊞2020年	3305	396270	427971	
7	⊞2021年	2965	347630	375440	
8	⊞2022年	4321	510030	550832	
9	⊟B地区	**9677**	**1111650**	**1200582**	
10	⊞2020年	2398	274720	296697	
	1年	3625	416110	449398	
	2年	3654	420820	454485	
		9257	**1043750**	**1127250**	
	0年	2608	292540	315943	
	1年	3287	371370	401079	
	2年	3362	379840	410227	
	飲料	**90889**	**11337160**	**12244132**	
18	⊟A地区	**35903**	**4482780**	**4841402**	
19	⊞2020年	10322	1285270	1388091	
20	⊞2021年	10867	1359520	1468281	
43	⊟紅茶飲料	**60107**	**6986700**	**7545636**	
44	⊟A地区	**24796**	**2864300**	**3093444**	
45	⊞2020年	7734	889640	960811	
46	⊞2021年	9401	1084080	1170806	
47	⊞2022年	7661	890580	961826	
48	⊟B地区	**17668**	**2065140**	**2230351**	
49	⊞2020年	5174	604380	652730	
50	⊞2021年	6090	712230	769208	
51	⊞2022年	6404	748530	808412	
52	⊟C地区	**17643**	**2057260**	**2221840**	
53	⊞2020年	5340	624380	674330	
54	⊞2021年	6122	710480	767318	
55	⊞2022年	6181	722400	780192	
56	総計	**277649**	**32964390**	**35601541**	
57					

① 分類
② 販売地区
③ 日付（年）
の順で売上データを
集計した！

Section 18

ピボットテーブルを見やすくカスタマイズする

完成直後のテーブルを確認

左ページのピボットテーブルは完成直後のものだが、集計内容を読み取るには、見づらい部分が2点ある。最後にそれを改善しよう。

1つ目は、「列」のエリアに表示されたフィールド名だ。B3のセルを見ると、「合計／数量」と表示されている。これは「Σ値」にフィールドを指定すると、初期設定では、「集計方法」（63ページ参照）と集計元となっているフィールド名をスラッシュ「／」で区切って表示されるルールがあるためだ。これをもっと簡潔でわかりやすい名前に変更したい。

2つ目は、集計結果として表示されている数値の部分だ。合計を求めた結果、桁の大きい数字が並んでいるが、数字だけしか表示されていないので読み取りづらい。通常、エクセルシートで数値を入力するときは、「29,525」のように、3ケタ単位で区切るカンマ「，」を付けて表示するのが常識だ。ここでも同じように設定したい。

初期設定のままではここが見づらい

列の見出しが長くてわかりづらい
(102ページ参照)

	行ラベル	合計 / 数量	合計 / 金額	合計 / 税込金額
2				
3	行ラベル	合計 / 数量	合計 / 金額	合計 / 税込金額
4	⊟ウーロン茶飲料	**29525**	**3409330**	**3682076**
5	⊟A地区	**10591**	**1253930**	**1354244**
6	⊞2020年	3305	396270	427971
7	⊞2021年	2965	347630	375440
8	⊞2022年	4321	510030	550832
9	⊟B地区	**9677**	**1111650**	**1200582**
10	⊞2020年	2398	274720	296697
11	⊞2021年	3625	416110	449398
12	⊞2022年	3654	420820	454485
13	⊟C地区	**9257**	**1043750**	**1127250**
14	⊞2020年	2608	292540	315943
15	⊞2021年	3287	371370	401079
16	⊞2022年	3362	379840	410227
17	⊟コーヒー飲料	**90889**	**11337160**	**12244132**
18	⊟A地区	**35903**	**4482780**	**4841402**
19	⊞2020年	10322	1285270	1388091
20	⊞2021年	10867	1359520	1468281
21	⊞2022年	14714	1837990	1985029
22	⊟B地区	**28417**	**3486990**	**3765949**

桁区切りのカンマがなく、読み取りづらい
(104ページ参照)

●フィールド名をわかりやすく変更する

さっそく集計欄のフィールド名を、簡潔でわかりやすい項目見出しに変更しよう。
まず、左ページの手順で「値フィールドの設定」ダイアログボックスを開く。なお、このダイアログボックスの設定は、エリアセクションの「Σ値」に配置した「合計／数量」「合計／金額」「合計／税込金額」の3つのフィールドを個別に選んでひとつずつ行う必要がある。

「値フィールドの設定」ダイアログボックスを開いたら、「名前の指定」欄に初期設定の項目見出しが「合計／数量」のように表示されているはずだ。欄の中の文字を削除して、新しい名前を入力すればよい。ただし、ここでも既存のフィールド名と重複した名前を付けるとエラーになるので要注意。すでに存在するフィールド名と重複しないように気を付けて、わかりやすく簡潔なフィールド名に変更しよう。

設定が済んだら、「ＯＫ」をクリックしてダイアログボックスを閉じると、ピボットテーブルが更新される。なお、１０４ページでも同じダイアログボックスでの操作を続けるため、ここでは、「値フィールドの設定」ダイアログボックスは開いたままにしておくと効率がよい。

集計欄の見出しを変更する

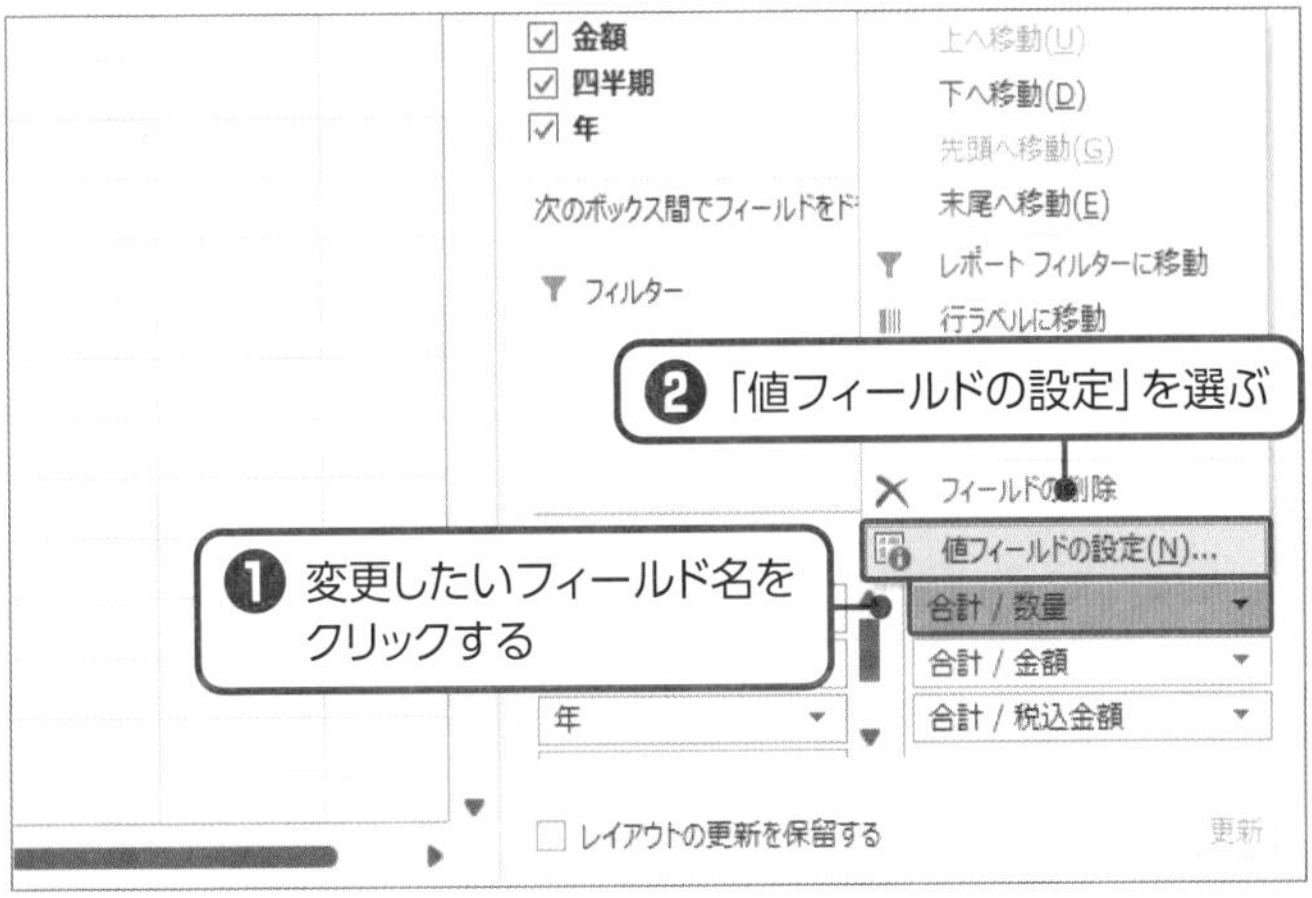

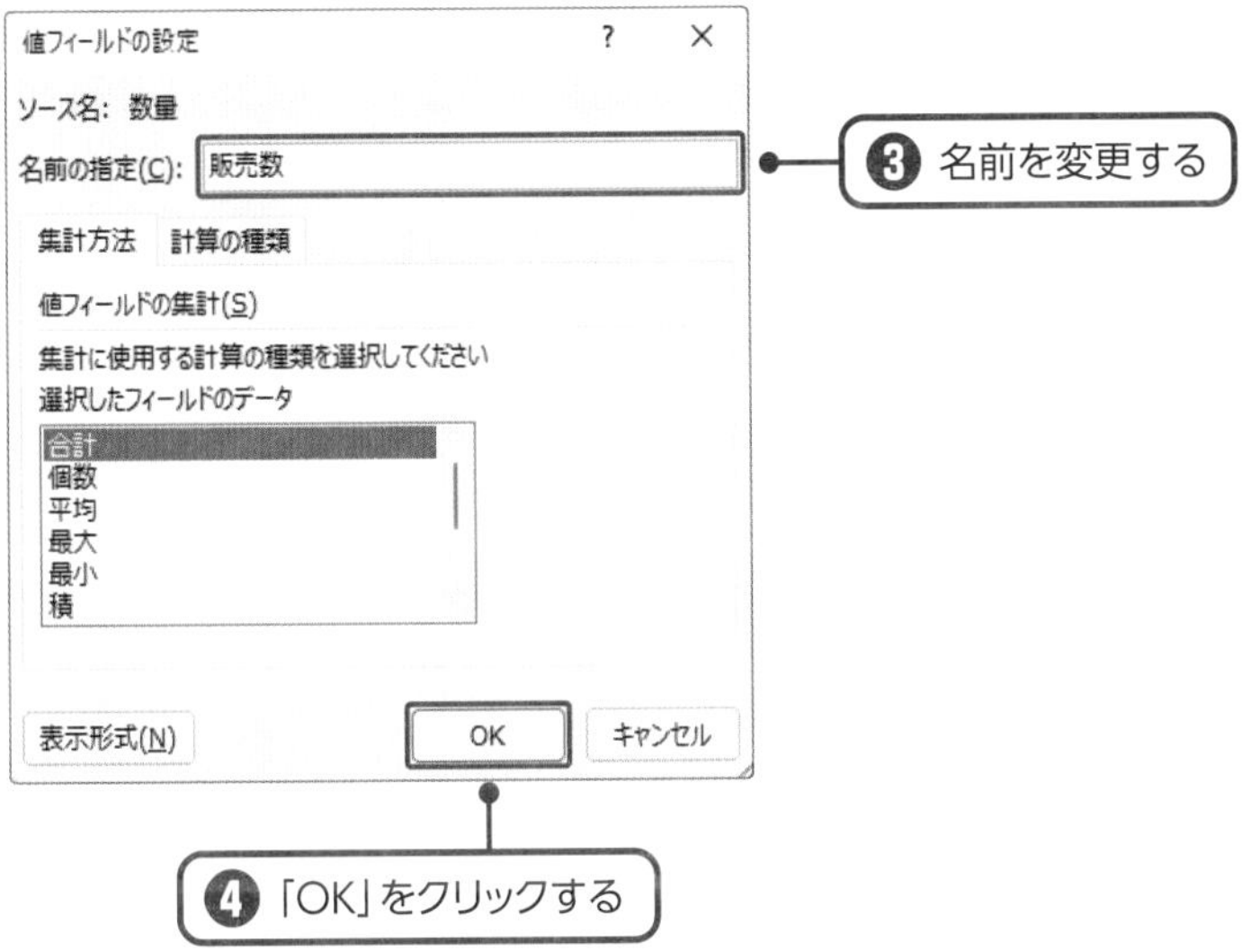

数字の表示形式を見やすく変更する

今度は、集計結果の数字に桁区切りのカンマ「,」を付けて、合計などをわかりやすく表示しよう。１０２ページの操作により、現在も開いたままになっている「値フィールドの設定」ダイアログボックスから操作できる。

ダイアログボックス左下の「表示形式」ボタンをクリックすると、左ページ下のような「セルの書式設定」ダイアログボックスが開く。これは、日常的にセルの操作で使われる書式設定画面の「表示形式」タブだけを抜き出したものだ。

このダイアログボックスでは、「桁区切りを使用する」にチェックを入れると、大きな数字に桁区切りのカンマを表示できる。また、「分類」で「通貨」を選べば、「¥」記号を先頭に表示することも可能だ。

なお、62ページの操作で平均値を求めると、結果が割り切れない数値では、「2531.3333」のように、小数部分が延々と表示されてしまう。この場合、「小数点以下の桁数」で小数第何位までを表示するのかを統一することもできる。

設定が済んだら、「ＯＫ」ボタンをクリックして、ダイアログボックスをすべて閉じよう。これで１０６ページのように、ピボットテーブルが見やすくなっているはずだ。

集計結果の数字に「,」を付ける

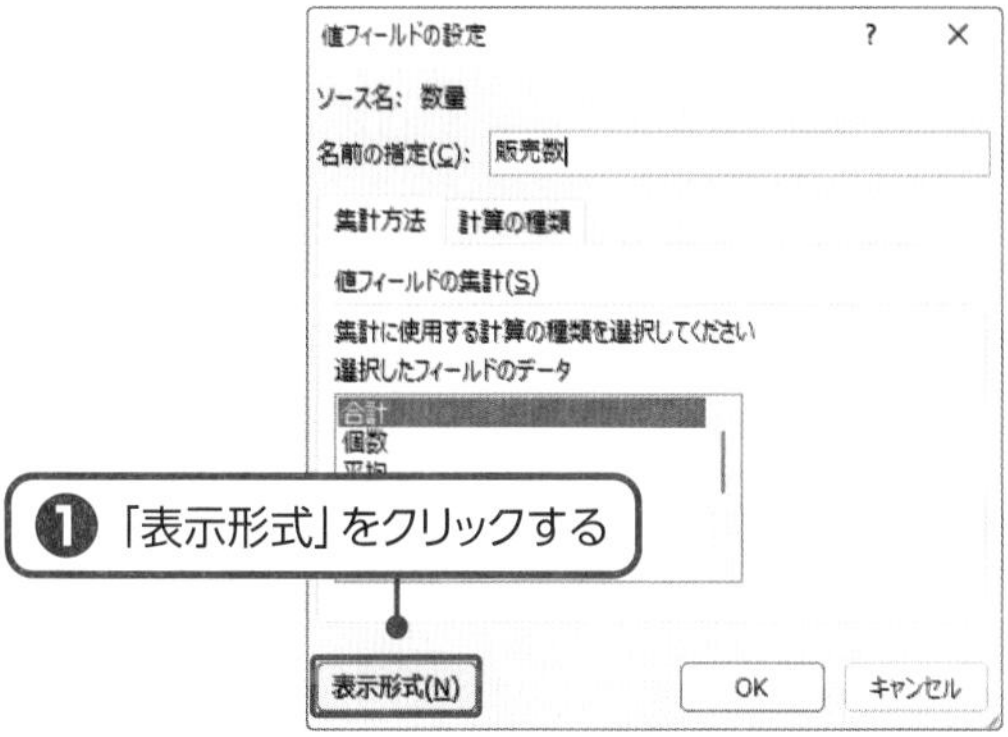

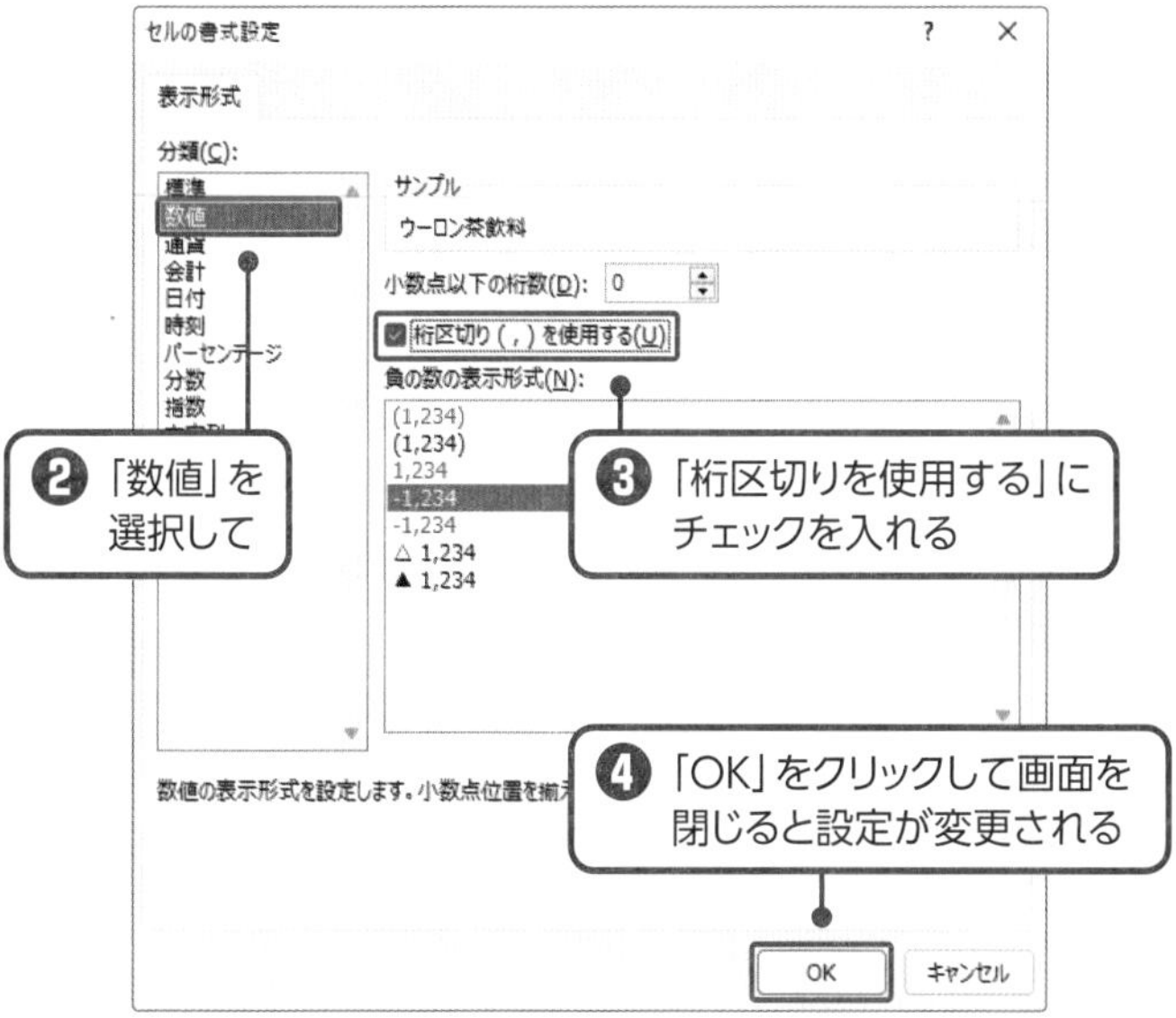

Column

完成したピボットテーブルを再度確認

ようやくピボットテーブルが完成した。下の例では、赤色の枠は「行」のエリアで使われているフィールドを表し、緑色の枠は、集計の元データとして「列」のエリアとクロス集計部分で使われているフィールドを表している。

また、「列」のフィールド名は、簡潔な名前に変更し、集計結果の数字に桁区切りのカンマを表示した。

元の表と完成したピボットテーブル

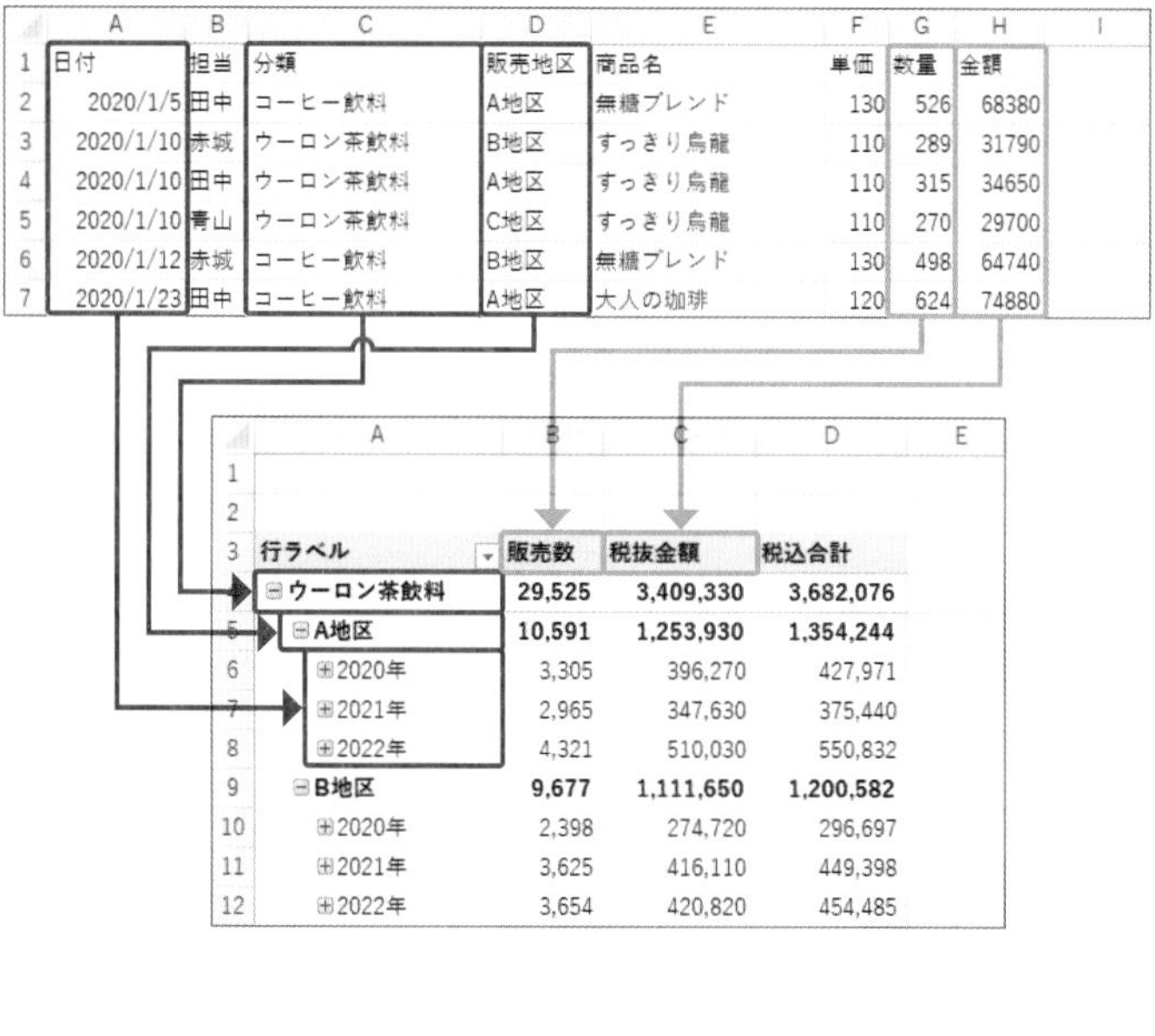

	A	B	C	D	E	F	G	H	I
1	日付	担当	分類	販売地区	商品名	単価	数量	金額	
2	2020/1/5	田中	コーヒー飲料	A地区	無糖ブレンド	130	526	68380	
3	2020/1/10	赤城	ウーロン茶飲料	B地区	すっきり烏龍	110	289	31790	
4	2020/1/10	田中	ウーロン茶飲料	A地区	すっきり烏龍	110	315	34650	
5	2020/1/10	青山	ウーロン茶飲料	C地区	すっきり烏龍	110	270	29700	
6	2020/1/12	赤城	コーヒー飲料	B地区	無糖ブレンド	130	498	64740	
7	2020/1/23	田中	コーヒー飲料	A地区	大人の珈琲	120	624	74880	

	A	B	C	D	E
1					
2					
3	行ラベル	販売数	税抜金額	税込合計	
4	⊟ウーロン茶飲料	29,525	3,409,330	3,682,076	
5	⊟A地区	10,591	1,253,930	1,354,244	
6	⊞2020年	3,305	396,270	427,971	
7	⊞2021年	2,965	347,630	375,440	
8	⊞2022年	4,321	510,030	550,832	
9	⊟B地区	9,677	1,111,650	1,200,582	
10	⊞2020年	2,398	274,720	296,697	
11	⊞2021年	3,625	416,110	449,398	
12	⊞2022年	3,654	420,820	454,485	

Chapter

4

ツールを使って
さらに情報を
引き出そう

Section 19

指定した条件に合うものだけを集計・表示させる

ピボットテーブルで「フィルター」は使えない？

第4章では、ピボットテーブルをさらに活用するための4つの機能を紹介したい。まずは、エクセルシートでおなじみの抽出、つまり**フィルター機能**だ。

フィルター機能とは、表を一時的に加工して、着目したい特定のデータだけが表示された状態にすることだ。このとき、対象外のデータは非表示になる。エクセルシートでは、「データ」タブの「フィルター」ボタンを使ってこの設定が可能だが、ピボットテーブルでも同様の操作はできるのだろうか。答えはイエスだ。

左ページの上の例で、ピボットテーブルに表示された集計結果のうち、「A地区」に関するデータだけをまとめてチェックしたい。このようなときに、フィルターを実行すれば、左ページの下の例のように、「A地区」のデータだけが表示されたピボットテーブルになる。ほかの地区の集計結果は一時的に表示されなくなるが、フィルターを解除すれば元のように表示される。

「フィルター」を使って見たいデータだけを一時的に表示

	A	B	C	D	E	F	G	H
1								
2								
3	行ラベル	販売数	税抜金額	税込合計				
4	⊟ウーロン茶飲料	29,525	3,409,330	3,682,076				
5	⊟A地区	10,591	1,253,930	1,354,244				
6	⊞2020年	3,305	396,270	427,971				
7	⊞2021年	2,965	347,630	375,440				
8	⊞2022年	4,321	510,030	550,832				
9	⊟B地区	9,677	1,111,650	1,200,582				
10	⊞2020年	2,398	274,720	296,697				
11	⊞2021年	3,625	416,110	449,398				
12	⊞2022年	3,654	420,820	454,485				
13	⊟C地区	9,257	1,043,750	1,127,250				
14	⊞2020年	2,608	292,540	315,943				
15	⊞2021年	3,287	371,370	401,079				
16	⊞2022年	3,362	379,840	410,227				
17	⊟コーヒー飲料	90,889	11,337,160	12,244,132				
18	⊟A地区	35,903	4,482,780	4,841,402				

A地区のデータだけを見たい

	A	B	C	D	E	F	G	H
1								
2								
3	行ラベル	販売数	税抜金額	税込合計				
4	⊟ウーロン茶飲料	10,591	1,253,930	1,354,244				
5	⊟A地区	10,591	1,253,930	1,354,244				
6	⊞2020年	3,305	396,270	427,971				
7	⊞2021年	2,965	347,630	375,440				
8	⊞2022年	4,321	510,030	550,832				
9	⊟コーヒー飲料	35,903	4,482,780	4,841,402				
10	⊟A地区	35,903	4,482,780	4,841,402				
11	⊞2020年	10,322	1,285,270	1,388,091				
12	⊞2021年	10,867	1,359,520	1,468,281				
13	⊞2022年	14,714	1,837,990	1,985,029				
14	⊟ミネラルウォーター	34,599	4,041,080	4,364,366				
15	⊟A地区	34,599	4,041,080	4,364,366				
16	⊞2020年	10,892	1,274,650	1,376,622				
17	⊞2021年	12,393	1,445,080	1,560,686				
18	⊞2022年	11,314	1,321,350	1,427,058				

A地区のデータだけが表示された！

●まずは基本、「行」のフィールドでフィルタリング

最初に押さえておきたいのは、「行」のエリアに用意されているボタンを使った抽出だ。これは、ピボットテーブルでのフィルターの基本編といってよい。

では、さきほどの１０９ページの例で説明しよう。ピボットテーブルの集計結果から、まず、「行ラベル」と表示されたA3セルの右端を確認してほしい。▼のボタンがあるはずだ。ここをクリックすると、フィルターの設定を行う項目リストが表示される。「フィールドの選択」で、まずは、「行」エリアに設定した複数のフィールドのうち、フィルターの条件となるフィールドを選ぶ必要がある。というのは、私たちが作成したピボットテーブルでは、「行」のエリアに属性が3つ指定されているからだ。「分類」、「販売地区」、「日付（年）」のうち、どれをフィルターの条件に使うのかを指定する必要がある。ここでは、「販売地区」を選択する。

すると、下の欄に「A地区」、「B地区」…と地区の一覧がリストアップされる。これはオートフィルターでおなじみのチェックボックスなので、ピボットテーブルに表示したい対象だけをチェックすればよい。ここでは、「A地区」だけチェックが入った状態にして「ＯＫ」をクリックすれば、「A地区」のデータだけが抽出される。

「行」エリアで「A地区」の販売データだけを抽出

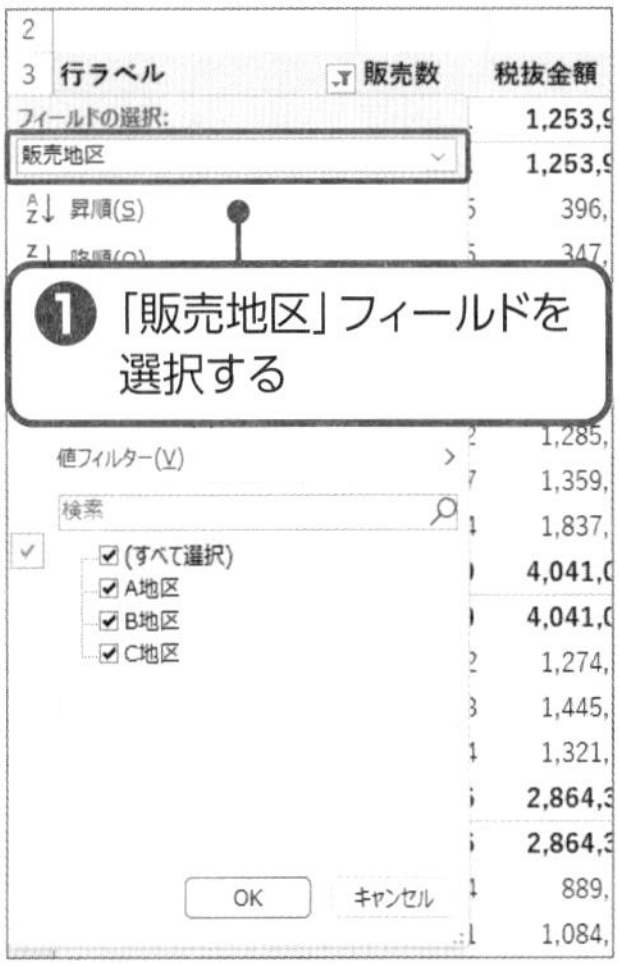

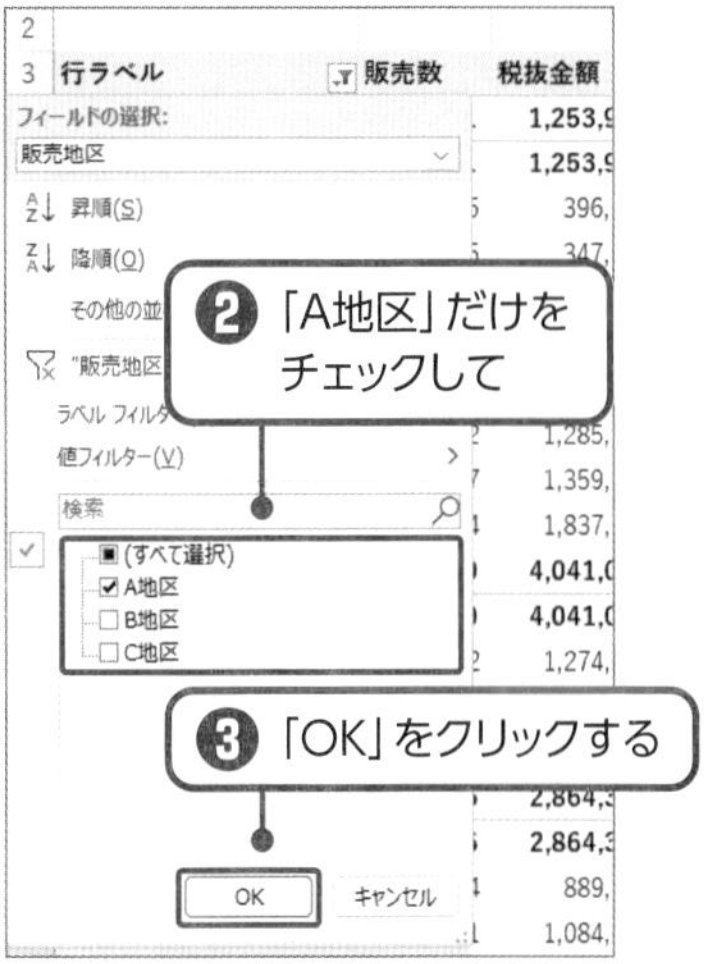

	A	B	C	D
1				
2				
3	行ラベル	販売数	税抜金額	税込合計
4	⊟ウーロン茶飲料	10,591	1,253,930	1,354,244
5	⊟A地区	10,591	1,253,930	1,354,244
6	⊞2020年	3,305	396,270	427,971
7	⊞2021年	2,965	347,630	375,440
8	⊞2022年	4,321	510,030	550,832
9	⊟コーヒー飲料	35,903	4,482,780	4,841,402
10	⊟A地区	35,903	4,482,780	4,841,402
11	⊞2020年	10,322	1,285,270	1,388,091
12	⊞2021年	10,867	1,359,520	1,468,281
13	⊞2022年	14,714	1,837,990	1,985,029
14	⊟ミネラルウォーター	34,599	4,041,080	4,364,366
15	⊟A地区	34,599	4,041,080	4,364,366
16	⊞2020年	10,892	1,274,650	1,376,622
17	⊞2021年	12,393	1,445,080	1,560,686
18	⊞2022年	11,314	1,321,350	1,427,058

❹「A地区」のデータが抽出される

●フィルター専用のフィールドを追加

基本的なフィルターの使い方がわかったところで、次は、フィルター専用の欄を設けて、そこで抽出を行う方法をマスターしよう。これも１０８ページや１１０ページと同じ例を使うことにする。つまり、「販売地区」が「A地区」である売上データだけを対象にして集計されたピボットテーブルを表示したい。

ピボットテーブルを作成したとき、ピボットテーブルはシートの3行目から開始され、シートの1行目と2行目は空行になる。実は、この部分はフィルターの条件欄として使うためにあらかじめ用意された領域なのだ。

ここにフィールドを指定するには、「ピボットテーブルのフィールド」作業ウィンドウのエリアセクションの左上にある「フィルター」ボックスに、抽出条件として使うフィールドを配置する。抽出に使う「販売地区」フィールドは、76ページの操作で、すでに「行」ボックスに追加済みだ。そこで、「行」ボックスにある「販売地区」フィールドを「フィルター」ボックスまでドラッグしてみよう。

この操作でピボットテーブル左上のA1セルに「販売地区」と表示されるはずだ。これで条件欄の準備は完了だ。

「販売地区」フィールドをフィルターエリアに追加

ここにフィルター専用のフィールドを追加したい

❶「販売地区」を「フィルター」ボックスへドラッグする

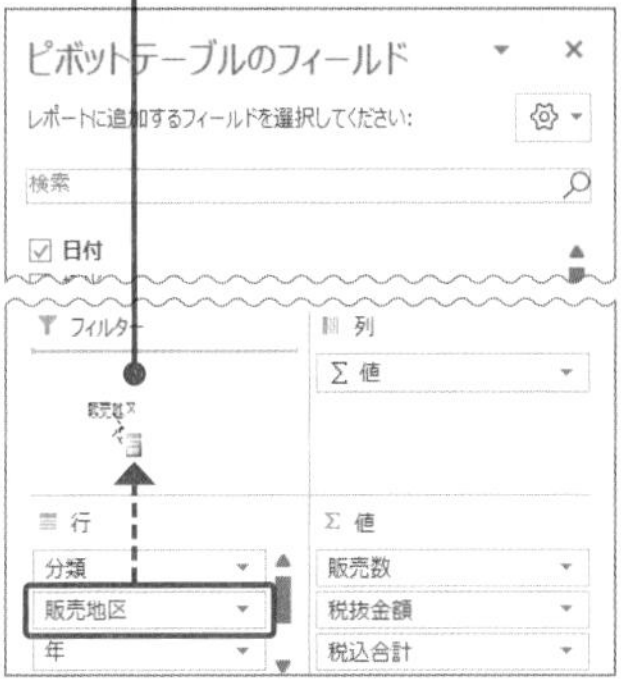

❷「販売地区」がフィルターに移動すると

❸「販売地区」がフィルターエリアに追加される

●「フィルター」エリアを使った抽出に挑戦

続けて、フィルターを実行しよう。左ページ上の例を見てほしい。「フィルター」エリアで抽出を行うには、条件欄右端（B1セル）の▼をクリックし、抽出したい「A地区」をクリックして選べばよい。

集計結果は、１１１ページにある「行」エリアでの抽出結果と同じ内容になる。これは、同じ条件で抽出しているためだ。ただ、「販売地区」がピボットテーブルの上の行に配置されるので、レイアウトがすっきりし、左上のフィルター欄を見れば、抽出に使っている条件を常に確認できる。以上のメリットを踏まえて使い分けよう。

「A地区」と「C地区」など複数の項目で抽出するには、左ページ下の例のように、まず「複数のアイテムを選択」にチェックを入れればよい。これで、選択欄がチェックボックスに変わり、クリックして複数の項目を選択できるようになる。

ただし、複数の項目で抽出した場合、条件欄には「複数のアイテム」とだけ表示されるので、具体的な条件内容は読み取れない。抽出条件が常に表示された状態でフィルターを使いたいなら、１３４ページで紹介するスライサーを活用するとよいだろう。

ピボットテーブルの集計対象全体を「A地区」だけに絞りこむ

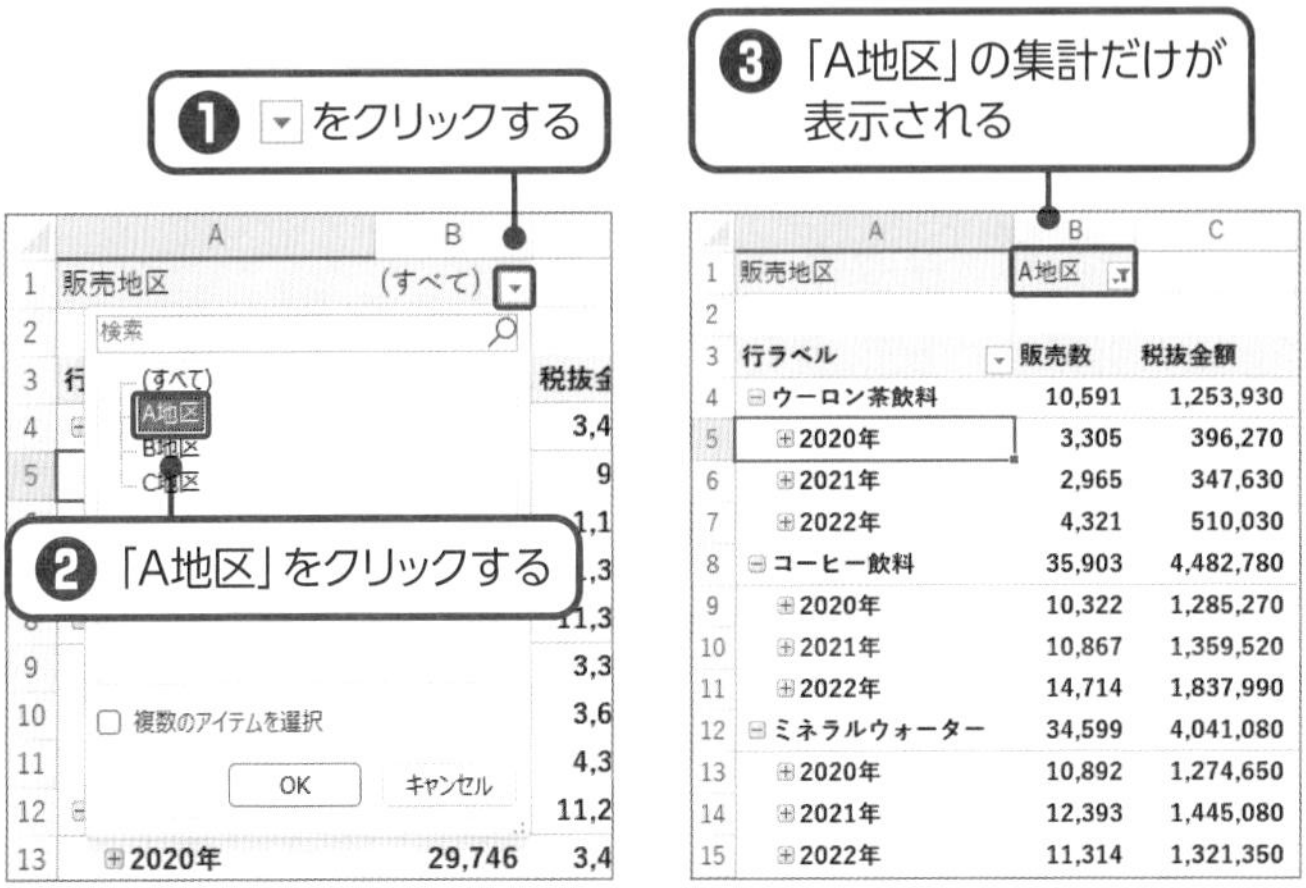

A地区とC地区で抽出する

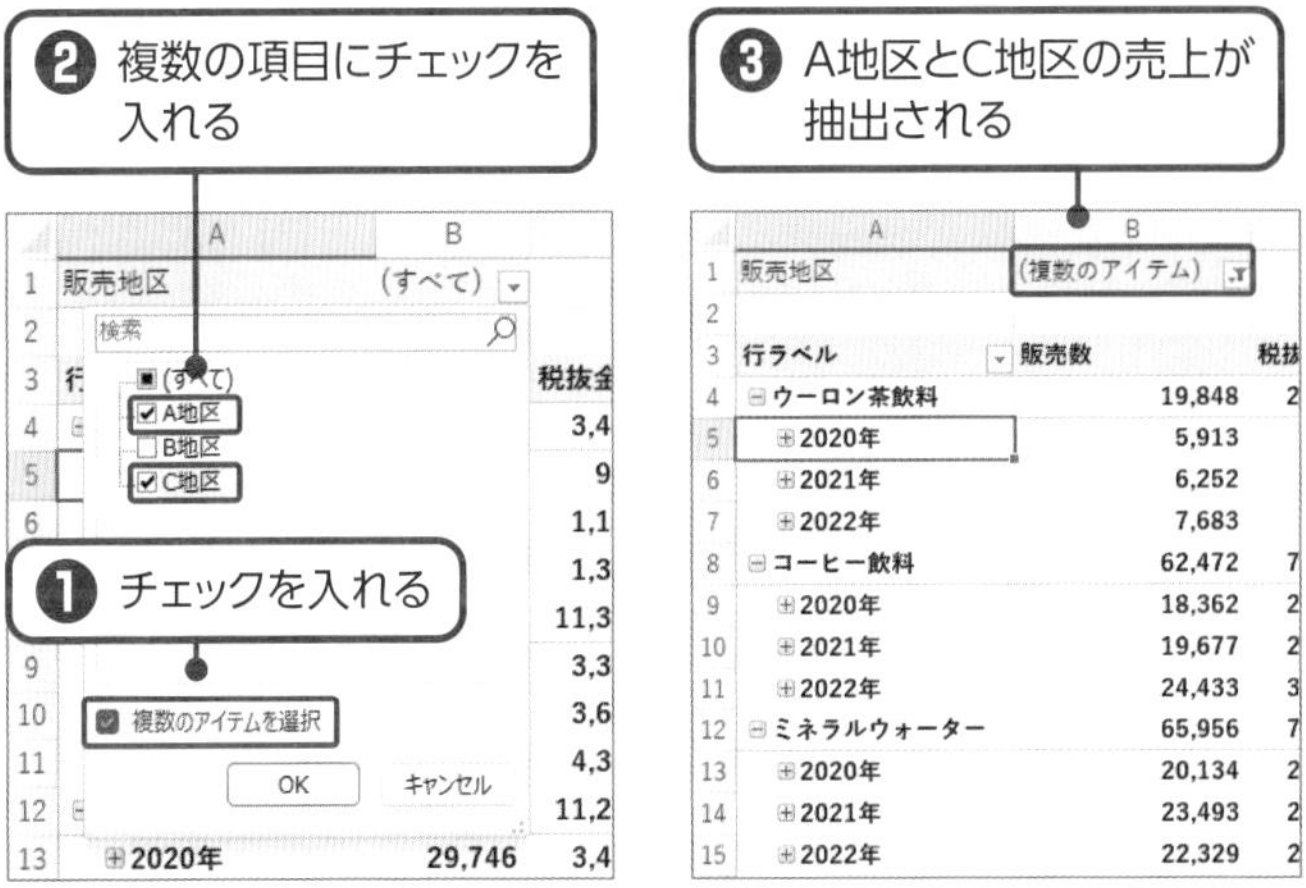

Section 20

「行ラベルのフィルター」を活用する

●「『○○』を含む」「『○○』で始まる」で抽出

「○○無糖」とか「無糖○○」のように、商品名に「無糖」という語を含む商品を探したいこともある。このような幅を持たせた条件でフィルタリングするには、**ワイルドカード**を利用しよう。ワイルドカードとは、条件設定の際に、不特定の文字の代わりに使う記号のことだ。ピボットテーブルの抽出では、2種類のワイルドカード「*」と「?」を使い分けると、指定できる条件の幅がグンと広がる。

左ページの例を見てほしい。半角の「*」は任意の文字列を表し、「*」の位置に何らかの文字が表示されることを示す。ただし、文字数は問わず、文字自体がなくてもよいので、「*無糖*」と指定すれば、「『無糖』という語を商品名のどこかに含む」という意味になる。一方、半角の「?」は文字数を決めて条件指定したいときに使う。「??ブレンド」と指定すれば、「ブレンド」の前の文字が2文字である「無糖ブレンド」などの商品だけが抽出される。

商品名に「無糖」を含む商品のデータを抽出したい

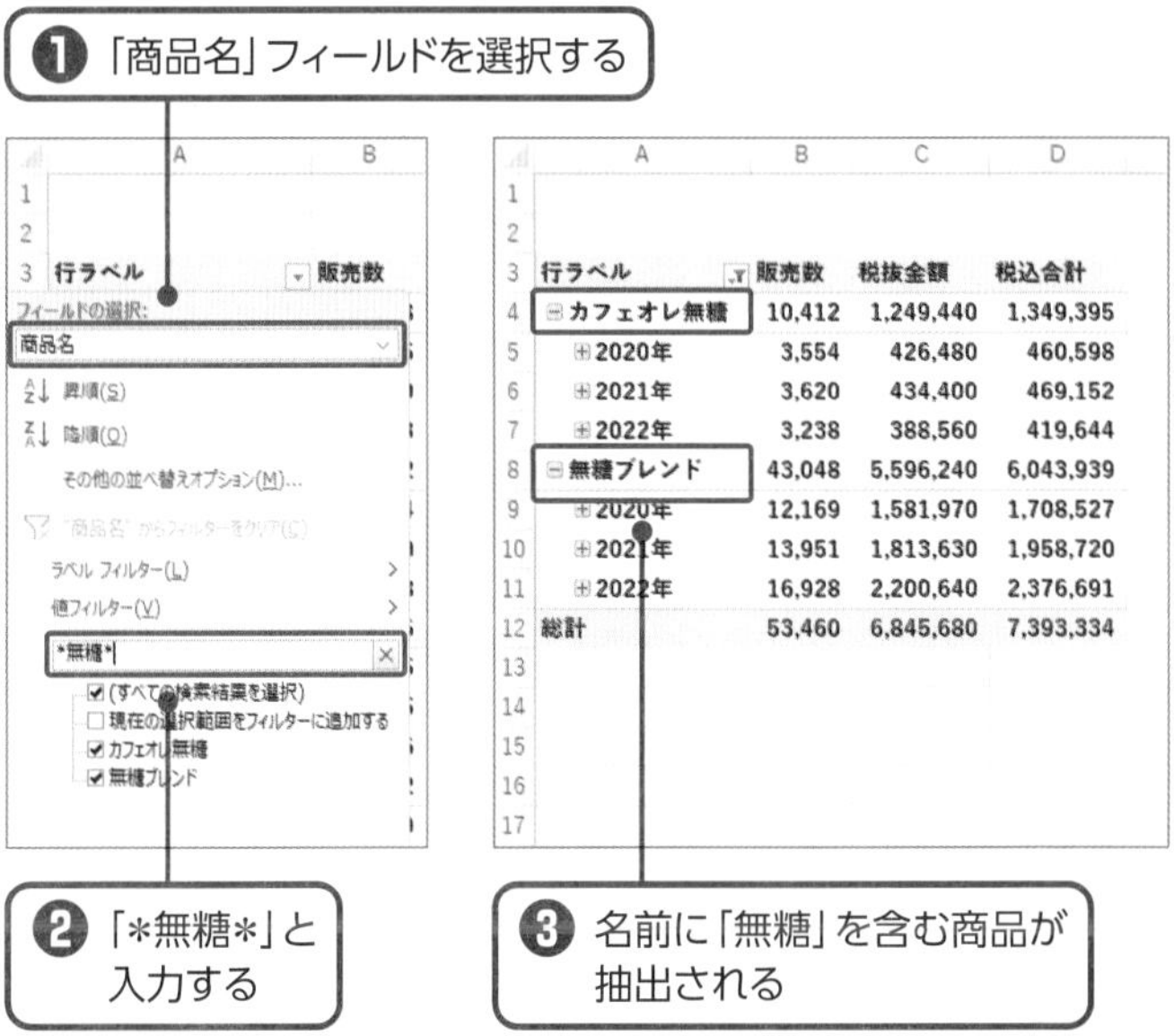

ワイルドカードを使った条件の例

条件	意味	抽出される商品名
無糖	「無糖」を含む	無糖ブレンド、カフェオレ無糖
無糖*	「無糖」で始まる	無糖ブレンド
*ブレンド	「ブレンド」で終わる	無糖ブレンド、モーニングブレンド
??ブレンド	「○○ブレンド」という商品	無糖ブレンド

「*」は任意の文字列を表す
「?」は任意の1文字を表す

●「行ラベルのフィルター」を複数使って絞り込む

本書のピボットテーブルでは、「行」のエリアに「分類」、「販売地区」、「日付（年）」の３種類のフィールドを設定している。このように、複数の属性を配置したピボットテーブルでは、複数のフィールドでフィルターを繰り返し実行できる。

そこで、Ａ地区の売上データの中から、さらに２０２０年の内容だけをピボットテーブルに表示させてみよう。まず、１１１ページの手順で一度フィルターを実行し、「販売地区」フィールドが「Ａ地区」である集計データだけを表示しておく。

次に、同じピボットテーブルにもう一度フィルターを実行しよう。その際、使用するフィールドに「年」を選び、条件には「２０２０年」を指定する。これで、両方の条件を満たす集計データだけを抽出できる。

フィルターを解除する方法も知っておこう。すべての条件を解除するには、リボンの「ピボットテーブル分析」タブで「クリア」から「フィルターのクリア」を選べばよい。一部の条件だけを解除するには、左ページ下の例のように、「行」ラベルのフィルター欄で、解除したい属性のフィールドを選択してから、フィルターをクリアするコマンドを選ぶ。この場合、解除対象ではないフィルターはそのまま残る。

「A 地区」のデータからさらに「2020 年」のデータを抽出したい

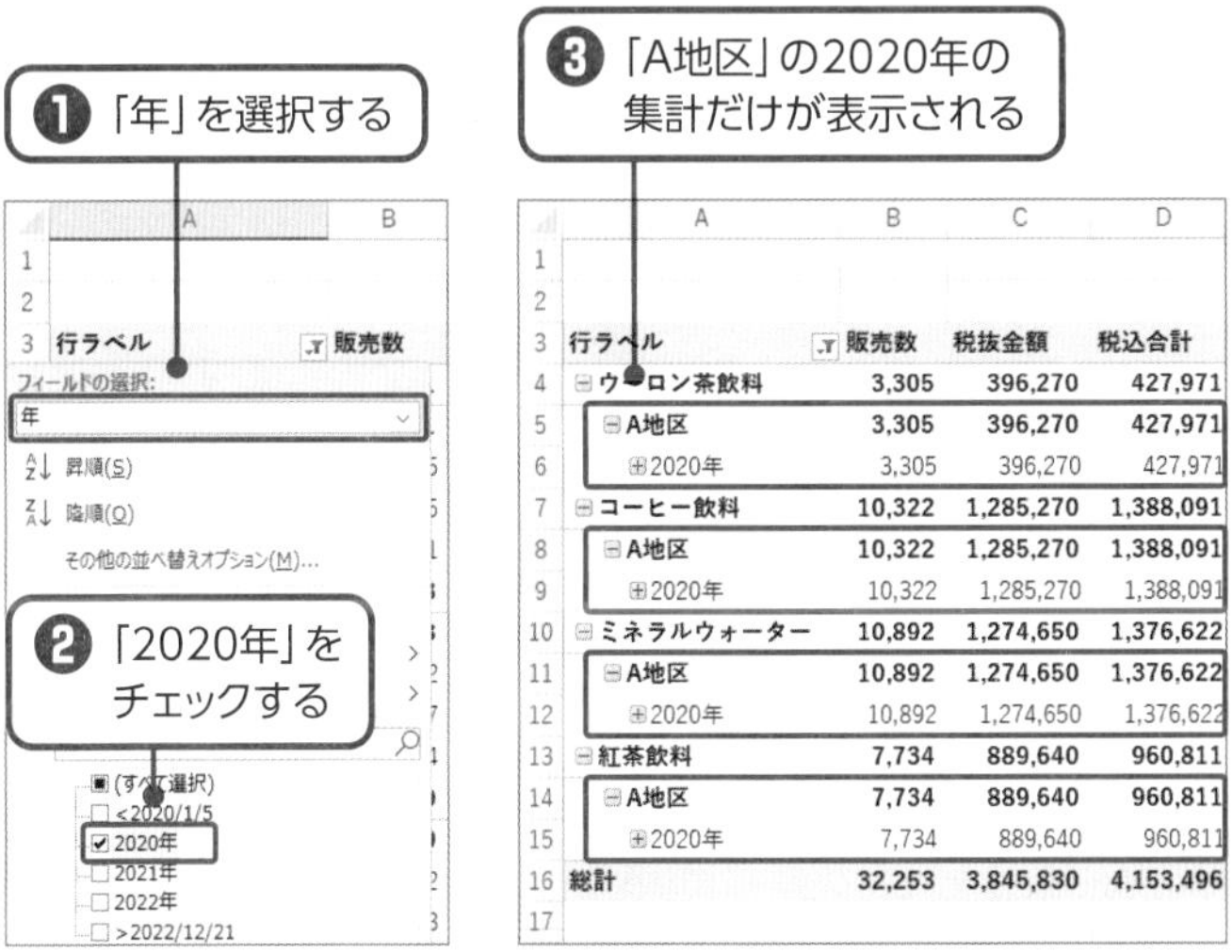

「2020 年」のフィルターだけを解除するには

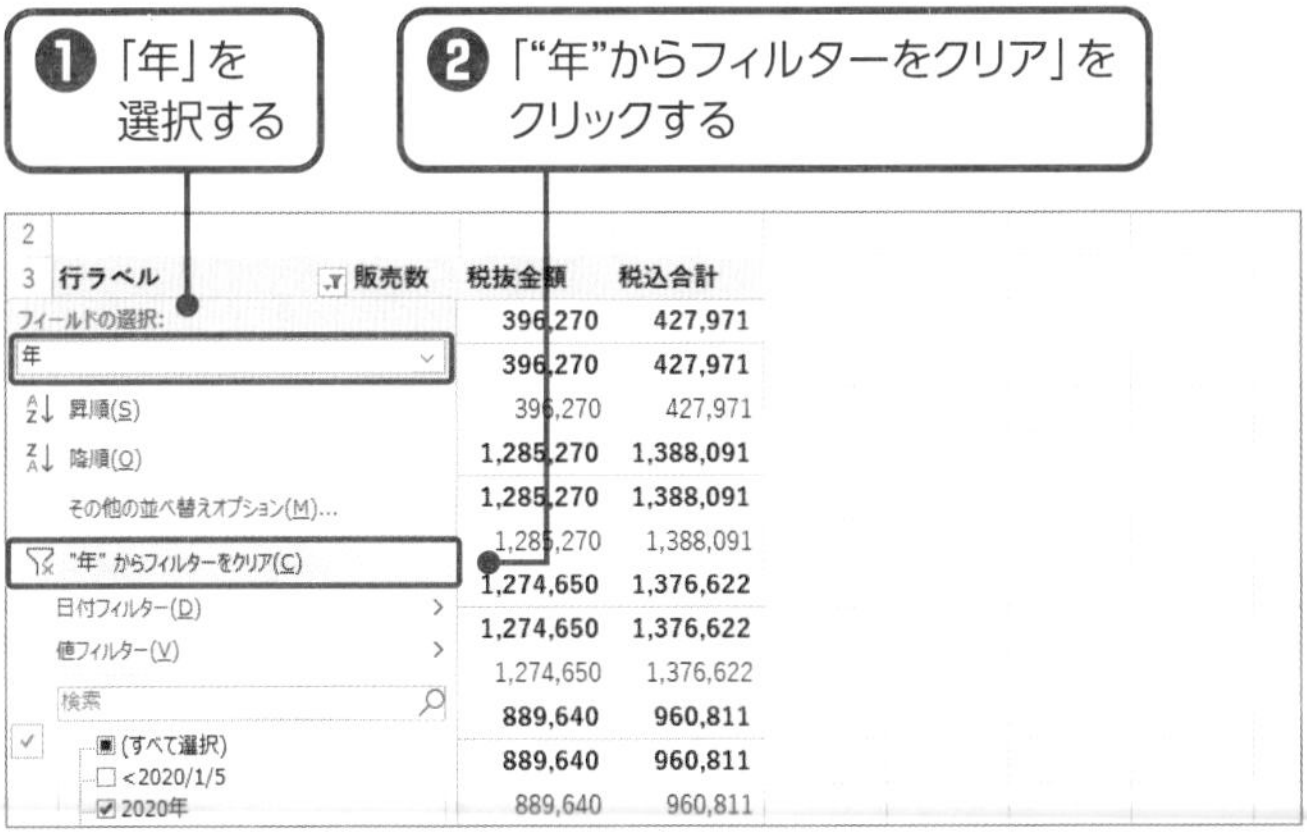

●集計値を使ってフィルタリングする

集計結果を元にデータを抽出したいというニーズも当然あるだろう。そんな要望に応えるには、フィルターの条件に集計結果の数値そのものを指定すればよい。たとえば、「税抜金額」が一定額以上のデータだけを抽出すれば、大型案件ばかりをすばやく確認できるようになる。

このような抽出には、**値フィルター**という機能を利用する。では、値フィルターを使って、「税抜金額」が100万円以上である「年」のデータを抽出してみよう。ポイントは、**基準となる属性を要所要所で確認しながら、正しく指定すること**だ。

順を追って見てみよう。抽出の対象となるフィールドは「年」だ。そこで「フィールドの選択」欄で「年」を選んでから「値フィルター」のコマンドを選ぶ。次に、集計の基準とするフィールドは「税抜金額」だ。したがって、「値フィルター」の設定画面では、「税抜金額」を選んでから、数値欄に100万と入力する。当たり前のことだが、「これはどのフィールドの数値なのか」を正しく指定しないと、まったく見当違いの条件で抽出してしまう。ただし、そこさえ押さえれば、複雑な条件でも難なく指定できるのだ。

「税抜金額」が100万円以上の「年」のデータを抽出

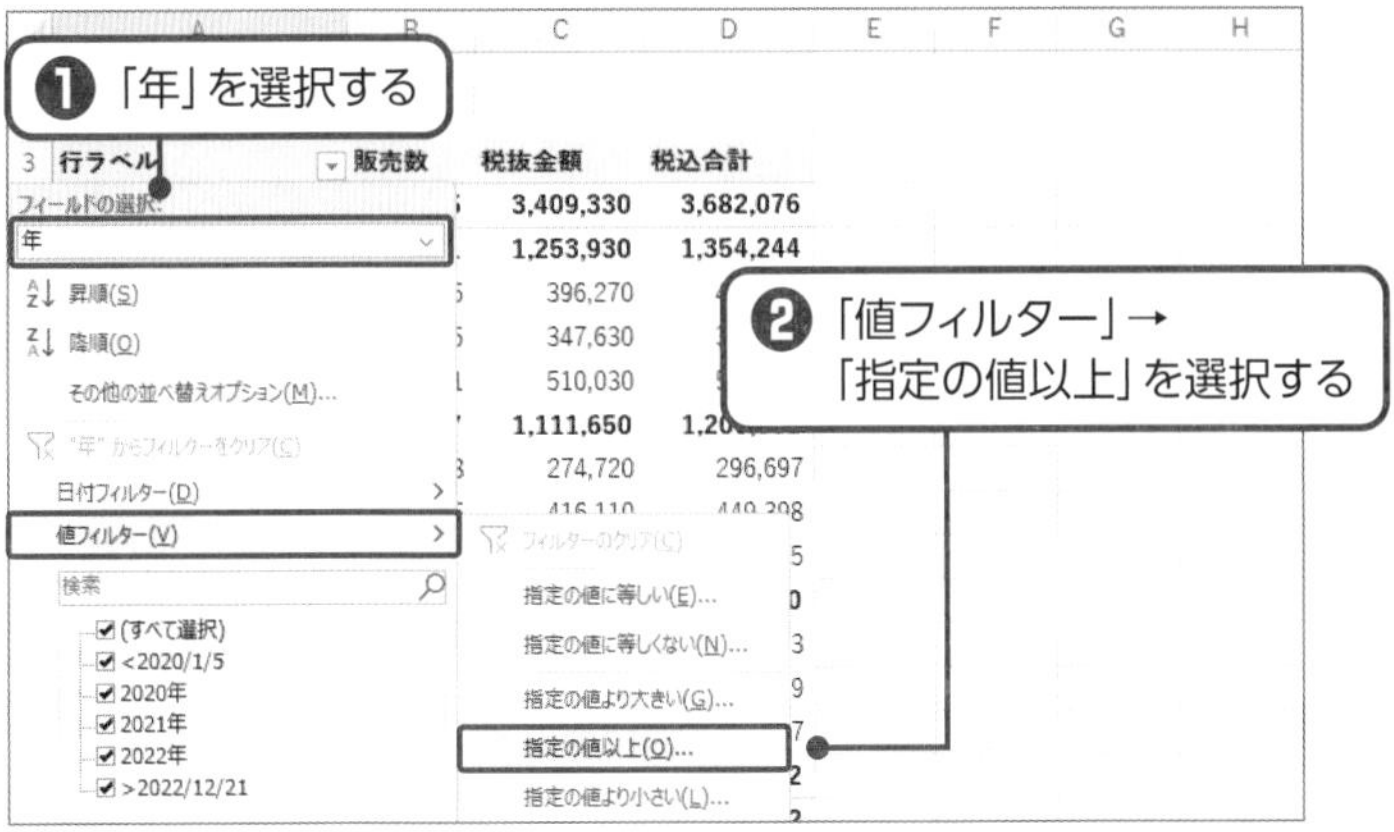

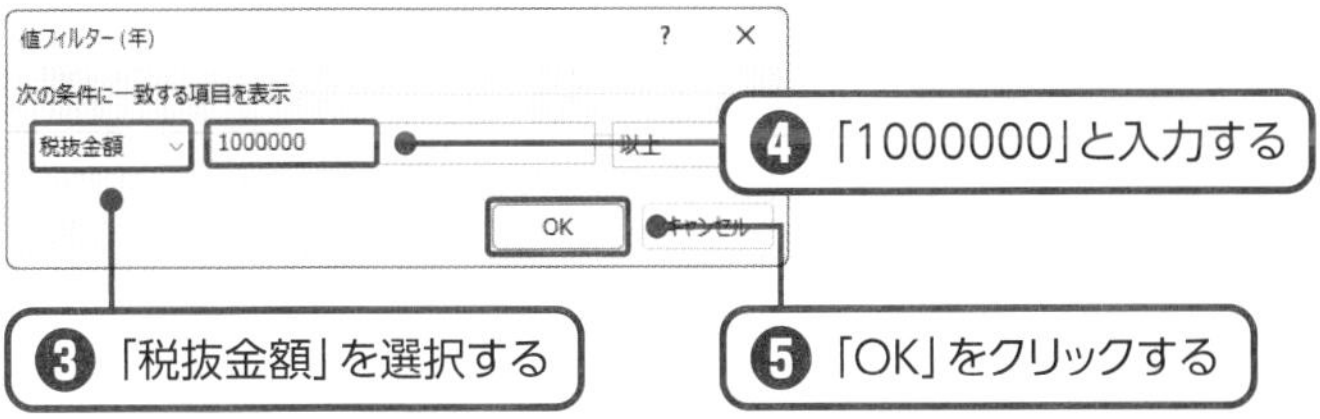

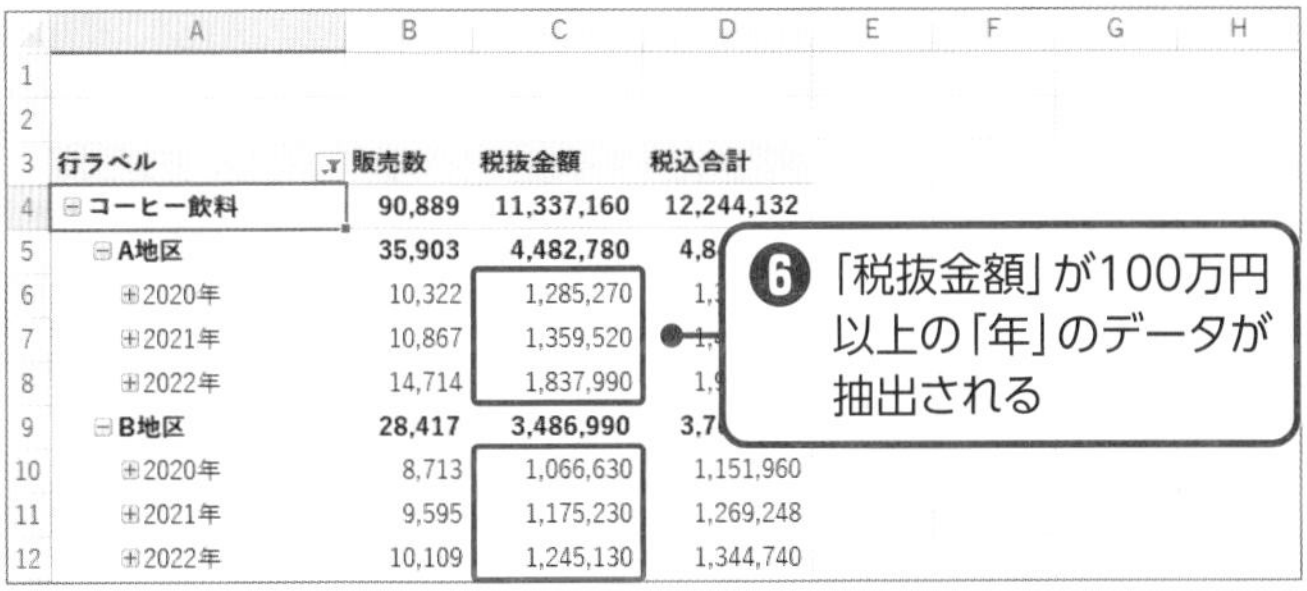

Section 21

範囲があるフィールドは、指定した単位に区切って集計できる

「グループ化」とは

商品別の売上集計表を作るとき、同じ商品名ごとにデータをまとめて販売数や売上金額を合計するだろう。この作業を**グループ化**と呼ぶ。特に意識しなくても「商品名」や「担当」など文字データを扱うフィールドでは、「行」のエリアにフィールドを追加すると、自動で同一アイテムごとにグループ化が行われる。

ただし、日付や数字の場合は勝手が違う。「売上口」や「販売数」の列には、大小さまざまの日付や数字が入力されているはずだ。これをピボットテーブルに追加すると、細かい数字がそのまま並んでしまう。日々の日付や販売数の羅列から特徴をつかむことは正直難しいだろう。そこで、ピボットテーブルでは、日付や数値といった範囲を持つデータを対象に手動で「グループ化」する機能があるのだ。

なお、日付が入力されたフィールドを「行」ボックスにドラッグ&ドロップすれば、日付の「グループ化」が自動で行われる※1。

数値や日付は「グループ化」できる

日付	担当	分類	販売地区	商品名	単価	数量	金額
2020/1/5	田中	コーヒー飲料	A地区	無糖ブレンド	130	526	68380
2020/1/10	赤城	ウーロン茶飲料	B地区	すっきり烏龍	110	289	31790
2020/1/10	田中	ウーロン茶飲料	A地区	すっきり烏龍	110	315	34650
2020/1/10	青山	ウーロン茶飲料	C地区	すっきり烏龍	110	270	29700
2020/1/12	赤城	コーヒー飲料	B地区	無糖ブレンド	130	498	64740
2020/1/23	田中	コーヒー飲料	A地区	大人の珈琲	120	624	74880
2020/1/23	森本	コーヒー飲料	C地区	無糖ブレンド	130	592	76960
2020/1/24	佐藤	紅茶飲料	A地区	まろやか紅茶	120	478	57360

（例1）日付を年単位で
グループ化
2020年の日付
2021年の日付
2022年の日付
⋮

（例2）数量を300本ごとに
グループ化
1～300本
301～600本
601～900本
⋮

※1　Excel2013では、日付フィールドのグループ化は自動で行われない。日付をグループ化するには、「行」エリアに追加した日付のセルを1つクリックし、「分析」タブの「グループの選択」をクリック。表示される「グループ化」ダイアログボックスで「月」「四半期」「年」などの単位を選択して「OK」をクリックする

●範囲を区切るとどうなるか

ピボットテーブルでは、グループ化した内容を「行」のエリアで小見出しとして使う。こうすると、それぞれのグループに属する内容が自動で集計されるようになる。

左ページ上の例は、グループ化する前のピボットテーブルだ。「行」のエリアには、日付が１日単位で並んでいて、「販売数」、「税抜金額」、「税込金額」といった列見出しの下には、該当する数字が表示されている。この状態のピボットテーブルでは、日々の売上状況はわかるが、そこから傾向や変化などを読み取ることは難しい。

そこで下の例のように、「年」単位で日付をグループ化してみよう。すると、各地区の売上データは、勝手に「２０２０年」、「２０２１年」…と年単位で集計される。これなら、年による売上の変化や比較ができる。バラバラの日付のままでは傾向をつかめない個々の金額や数量データが、グループ化をすればようやく生きてくるわけだ。

ちなみに、日付データでグループ化できるのは、「年」だけではない、「四半期」、「月」とグループ化の単位を変えることにより、シーズンや月による売上の違い、嗜好の違いなどを分析できる。

日付を「年」でグループ化すると、年単位でデータを集計できる

グループ化していないピボットテーブル

	A		B	C	D
1					
2					
3	行ラベル	▾	販売数	税抜金額	税込合計
4	⊟ウーロン茶飲料		**29,525**	**3,409,330**	**3,682,076**
5	⊟A地区		**10,591**	**1,253,930**	**1,354,244**
6	2020/1/10		315	34,650	37,422
7	2020/1/30		567	73,710	79,606
8	2020/2/5		112	14,560	15,724
9	2020/3/3		198	21,780	23,522
10	2020/4/13		289	31,790	34,333
11	2020/5/6		624	81,120	87,609
12	2020/6/29		109	14,170	15,303
13	2020/7/30		196	21,560	23,284
14	2020/8/22		98	12,740	13,759
15	2020/9/3		126	16,380	17,690
16	2020/10/16		224	24,640	26,611

1件ずつの日付をそのまま表示

傾向を読み取りづらい

グループ化したピボットテーブル

	A		B	C	D
1					
2					
3	行ラベル	▾	販売数	税抜金額	税込合計
4	⊟ウーロン茶飲料		**29,525**	**3,409,330**	**3,682,076**
5	⊟A地区		**10,591**	**1,253,930**	**1,354,244**
6	⊞2020年		3,305	396,270	427,971
7	⊞2021年		2,965	347,630	375,440
8	⊞2022年		4,321	510,030	550,832
9	⊟B地区		**9,677**	**1,111,650**	**1,200,582**
10	⊞2020年		2,398	274,720	296,697
11	⊞2021年		3,625	416,110	449,398
12	⊞2022年		3,654	420,820	454,485
13	⊟C地区		**9,257**	**1,043,750**	**1,127,250**
14	⊞2020年		2,608	92,540	315,943
15	⊞2021年				1,079
16	⊞2022年				0,227

年単位でデータをグループ化

年ごとに集計値を比較できる！

Section 22

数値で区切る「グループ化」

「1～200」「201～400」のような範囲を区切る

数値データの場合、「0～50」、「51～１００」のようなグループを作り、それを項目見出しにすれば、**各データがどのランクに該当するかのかがわかる。**ここでは、商品の分類ごとに地区別に集計した販売数をグループ化して、傾向を分析したい。

まず、「行」ボックスに「分類」、「販売地区」を配置し、「Σ値」ボックスには、63ページを参考に「数量」の「個数」を求めたピボットテーブルを作る。この時点では、「『ウーロン茶飲料』の売上件数は１１３件で、そのうち『A地区』に関する売上は38件だ」といった内容の集計表が表示される。

ここで、左ページの例のように、「行」エリアの一番下の階層に「数量」フィールドをもう1つ追加すると、元の表の「数量」列に入力された数字が、行の見出しに並ぶ。

そこで表示された「数量」のセルを1つ選び、「ピボットテーブル分析」タブの「グループの選択」をクリック。すると、「グループ化」ダイアログボックスが開く。

販売数をグループ化してランクを調べたい

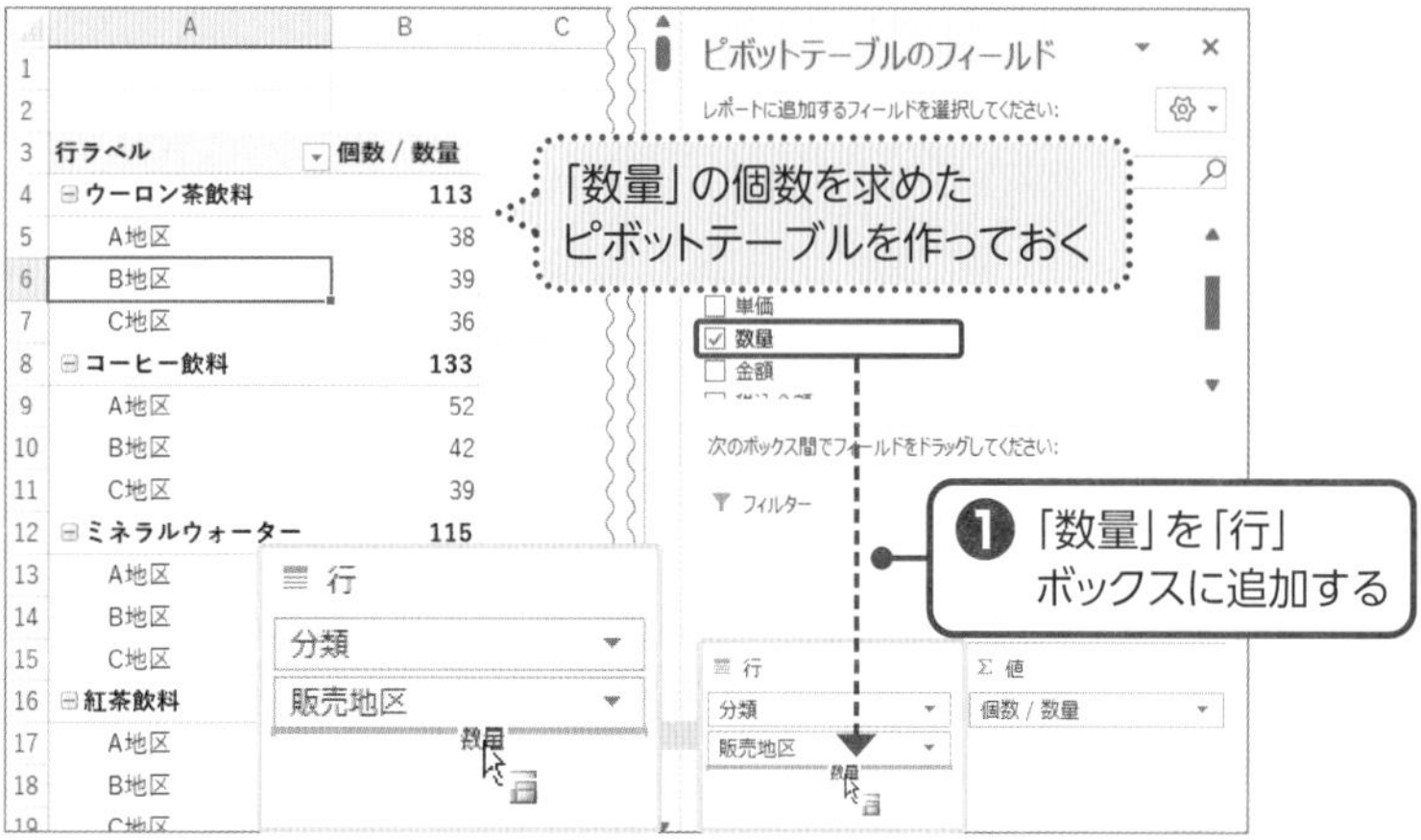

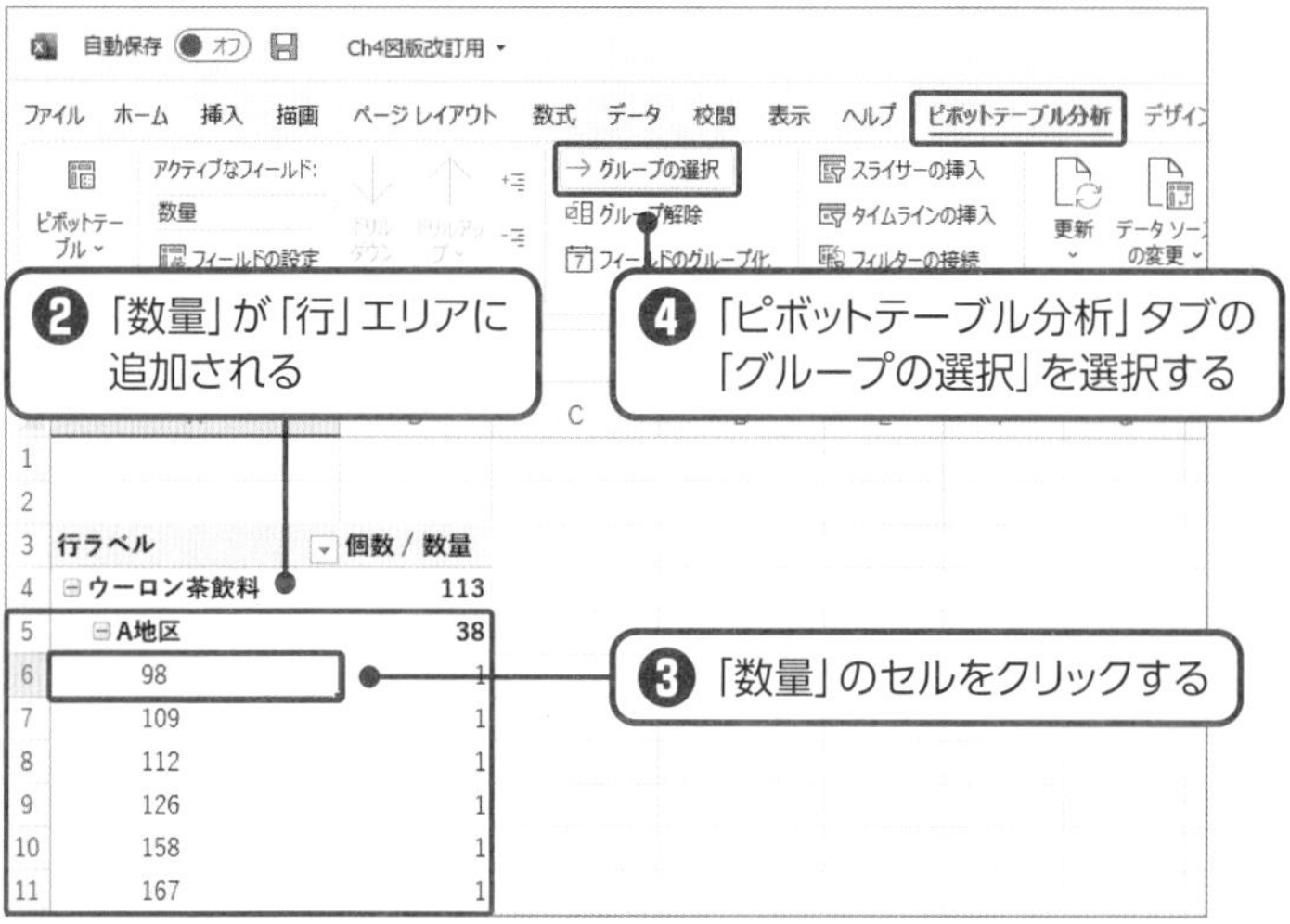

●グループ化の範囲を指定する

「グループ化」ダイアログボックスが開いたら、３つの設定欄を確認しよう。「先頭の値」、「末尾の値」、「単位」の３か所だ。

左ページの例を見てほしい。ここでは、「１～２００」、「２０１～４００」…と、数量を２００刻みでグループに分けるものとする。「先頭の値」は、グループ化の開始値だ。この数字からグループ化の組分けがスタートする。一般的には１から始めるので「１」と入力しよう。「末尾の値」には、フィールド内の最大値が表示されている。最大値は自動的に最後のグループに収まるため、変更の必要はない。最後に「単位」だが、ここには、グルーピングに使う数字の単位「２００」と指定する。「ＯＫ」をクリックしてダイアログボックスを閉じると、「行」のエリアの「数量」が２００単位でグルーピングされた見出しに変わる。Ｂ列の「個数／数量」に表示された売上の件数は、数量に応じたグループにそれぞれ振り分けられた内訳になる。これを見れば、地区によって同じ分類の商品がどの程度売れるかのランクに差があることがわかる。

なお、グループ化を解除するには、「ピボットテーブル分析」タブの「グループ解除」ボタンをクリックすればよい。

「200本」ずつ「1～200」「201～400」…とグループ化する

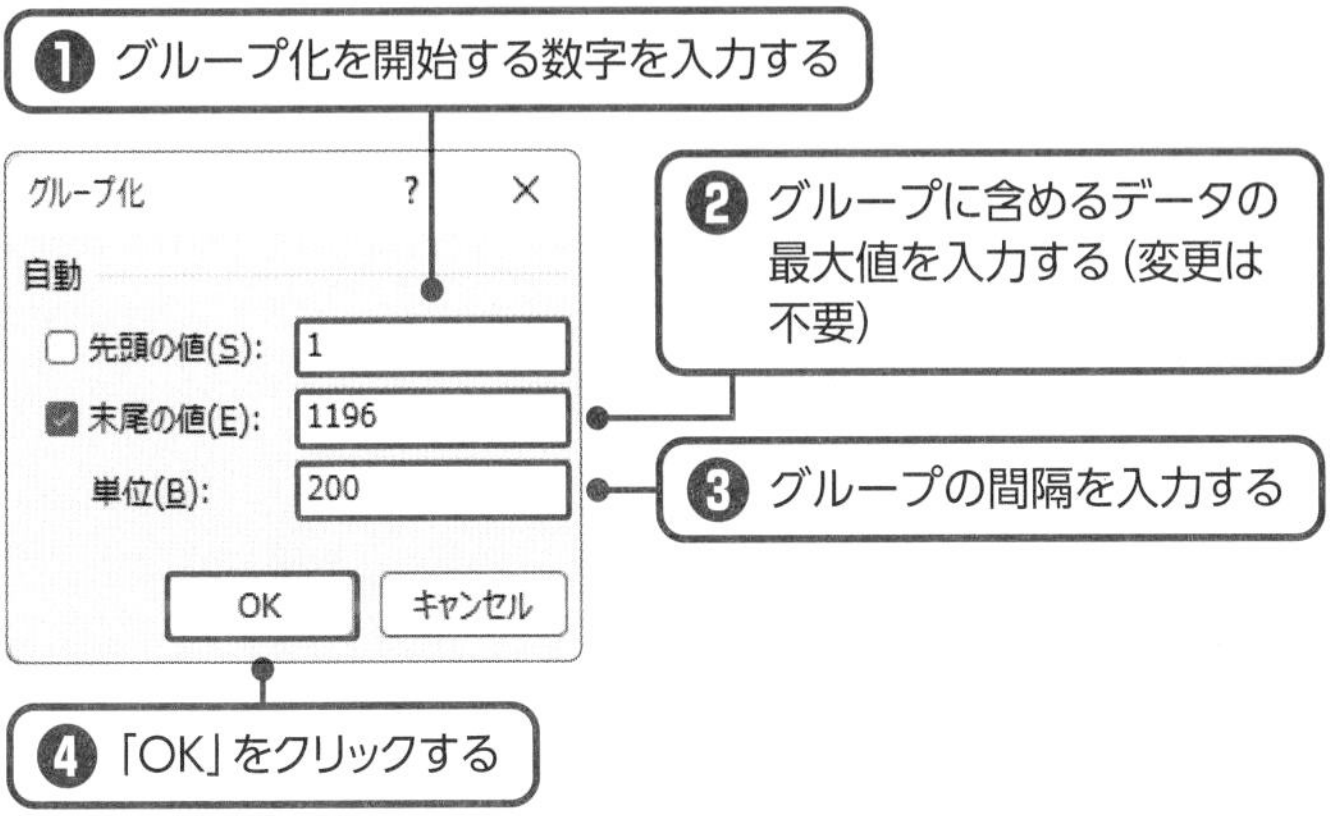

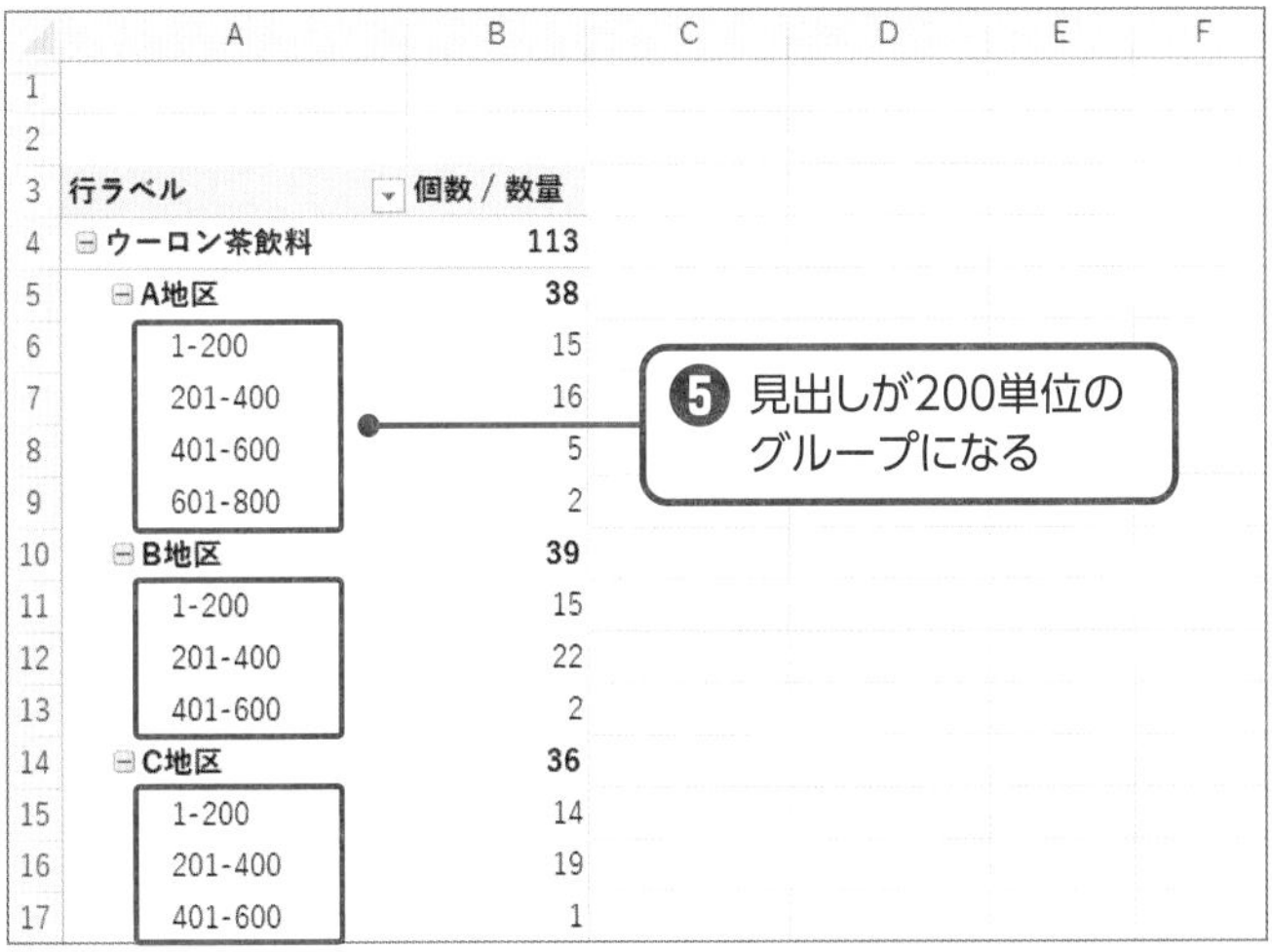

Section 23

日付で区切る「グループ化」

日付は階層でグループ化する

「売上日」、「注文日」といった日付フィールドは、時間の経過における売上状況を把握する際に欠かせない重要な属性だ。一般に、年単位、四半期単位、月単位といった一定期間ごとに集計して傾向を読み取ることが多い。したがって、日付データは、「年」、「四半期」、「月」の3階層でグループ化するのが基本だ。

便利なことに、ピボットテーブルでは、日付データのグループ化は、ほぼ自動で設定される。元の表に複数年分の日付データが蓄積されている場合、ピボットテーブルを作り、日付のフィールドを「行」ボックスに追加するだけで、自動で3階層に分かれた形で追加されるからだ。

ただし、最初の状態では、ピボットテーブルに表示されるのは「年」のみだ。「四半期」や「月」といった下位のフィールドを表示するには、「年」の項目の左に表示された「+」ボタンをクリックして、手動で開く必要がある。

日付は「年」「四半期」「月」の3階層でグループ化

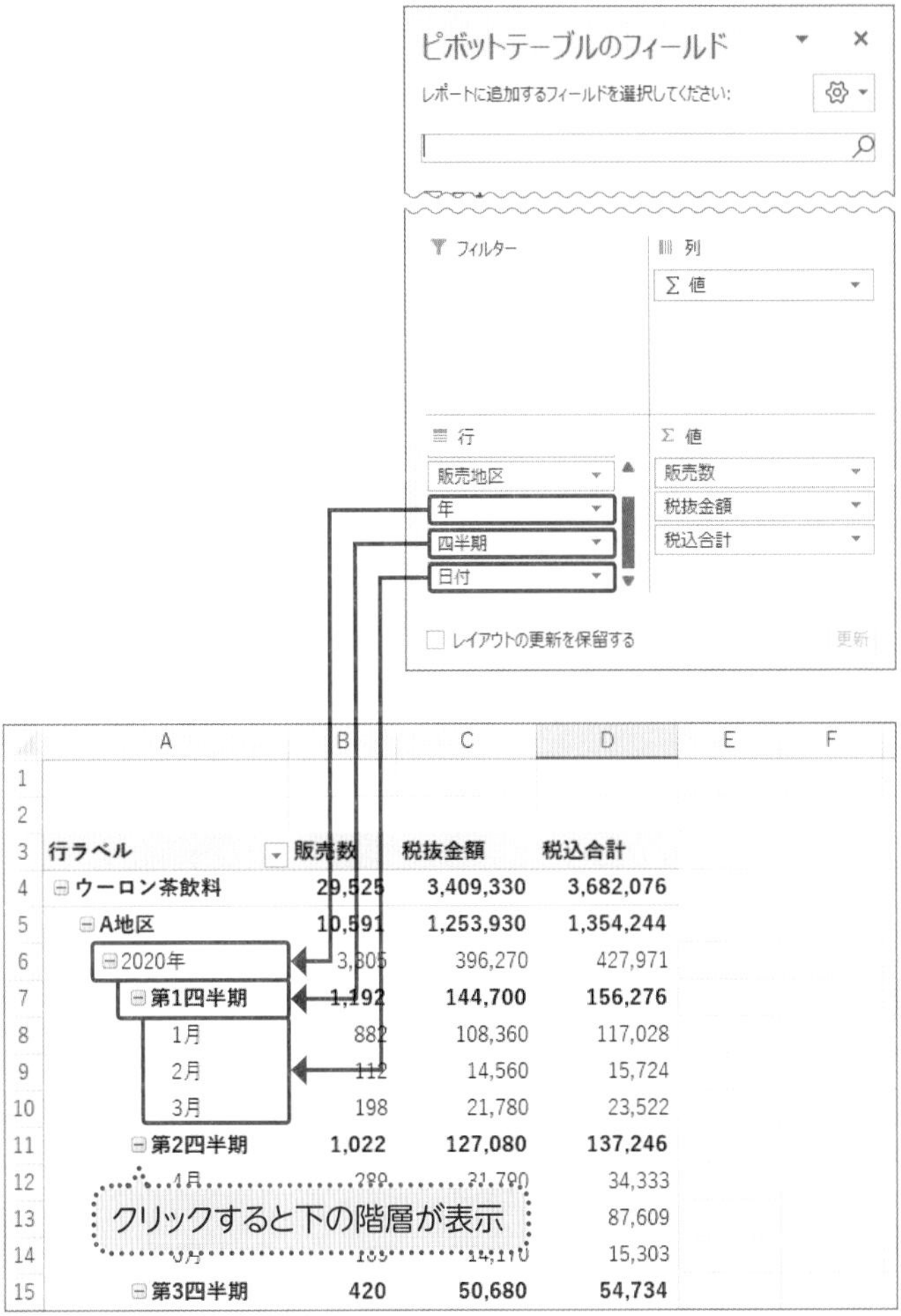

●グループ化の「期間」を変更する

日付データのグループ化はほぼ自動で行われるわけだが、元の表の日付の範囲が1年に満たない場合、「月」単位だけでグループ化される。この場合は、左ページの上の例のように、「行」のエリアには「1月」「2月」のような月項目が表示される。しかし、「月」だけでなく「四半期」での集計も同時に見たい場合もあるだろう。そこで、日付のグループ化の単位をカスタマイズする方法を知っておこう。

ピボットテーブル内で必ず日付のセルをクリックし、「ピボットテーブル分析」タブの「グループの選択」を選んで「グループ化」を設定するダイアログボックスを開く。あらかじめ日付のセルを選んでおくと、エクセルは日付のグループ化専用のダイアログボックスを表示してくれる。

「グループ化」ダイアログボックスでは、使いたいグループ化の単位をクリックして反転し、青い背景色が付いた状態にする。初期状態で反転されているものもあるが、不要ならクリックしてオフにしよう。反転のオン・オフはクリックで切り替えできる。「月」と「四半期」を反転させれば、「四半期」と「月」の2階層でグループ化することができる。

「四半期」でのグループ化を追加する

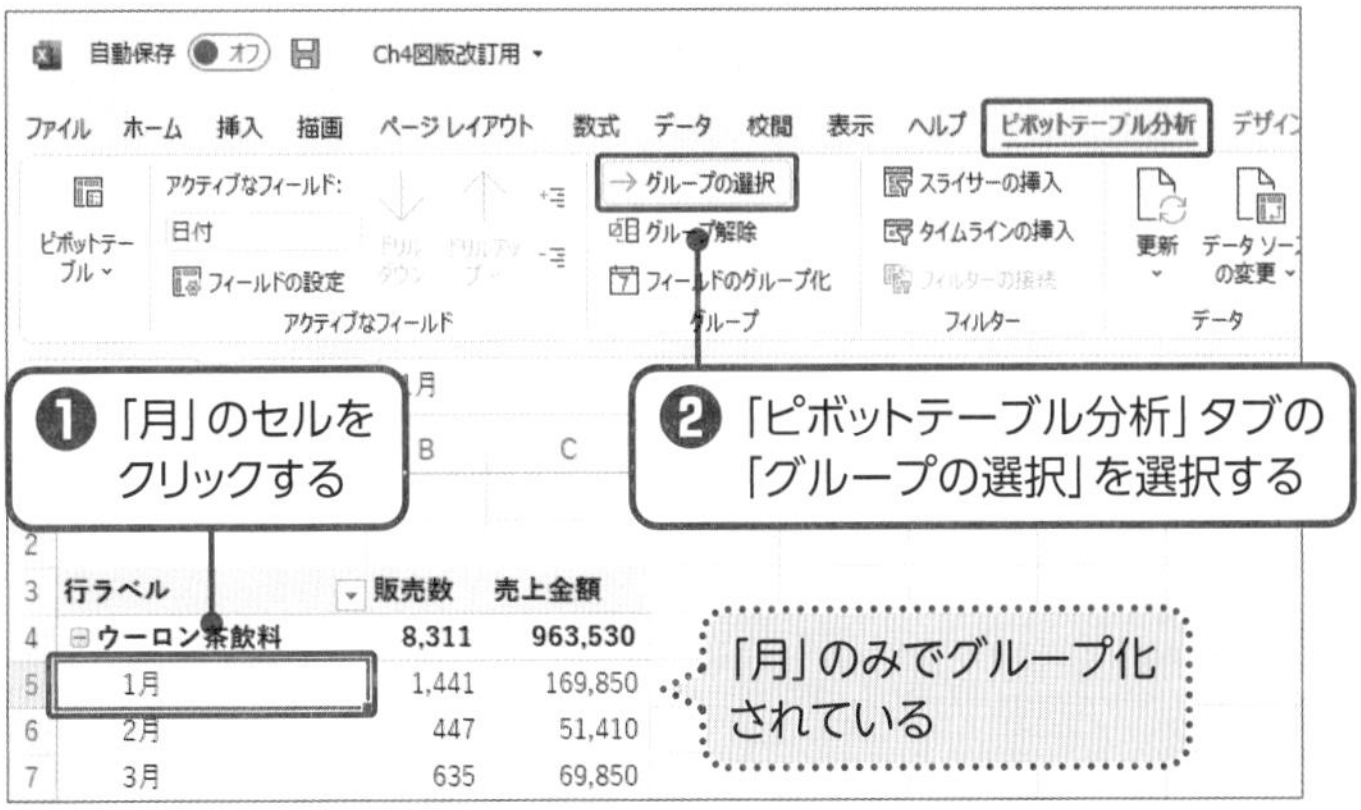

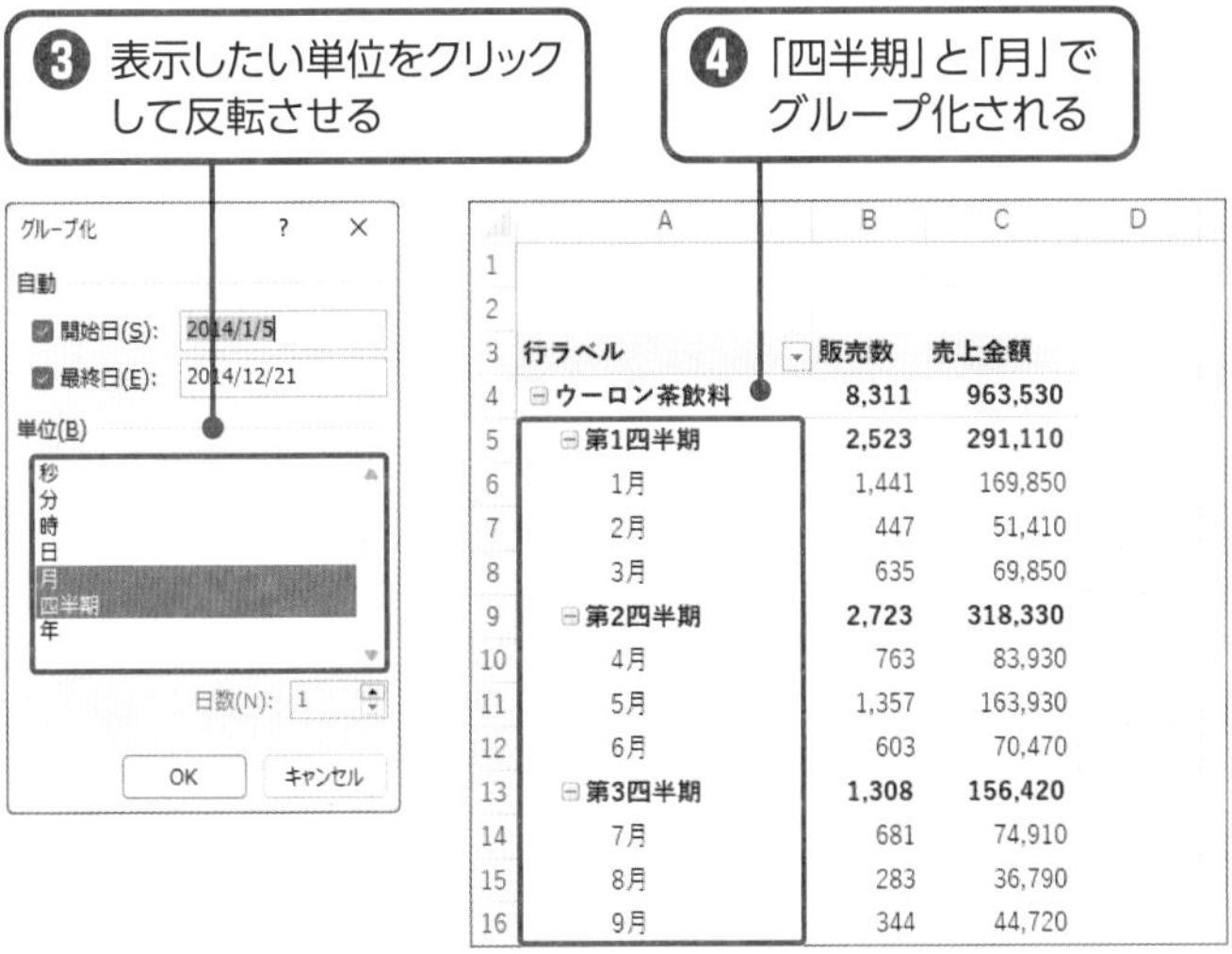

Section 24

集計表に組み込んでいない属性で抽出する「スライサー」

「スライサー」とは

ピボットテーブルの集計結果を、特定の担当者の売上だけを対象にした数字に変更したい場合はどうすればよいだろう。「担当」フィールドはピボットテーブルの属性には含まれていないので、「行」ラベルのフィルター機能は使えない。こんなときは、**スライサー**というもう1つのフィルター機能が活躍する。

スライサーとは、ピボットテーブルで使える独立したフィルターツールだ。「担当」、「商品名」といった属性ごとに、カード形式でシートに表示され、カードに並んだ項目のボタンを使って抽出を実行できる。左ページの例のように、スライサーの「田中」をクリックすると、田中さんの担当案件だけを集計できる優れものだ。

なお、１１２ページで紹介した「フィルター」エリアに「担当」フィールドを追加する方法でも、同様の抽出は可能だ。ただし、「スライサー」の方が、抽出の操作をすばやく、直感的に行えるメリットがある。

ピボットテーブルに含まれない「担当」フィールドで抽出

田中さんの担当したデータだけを見たい

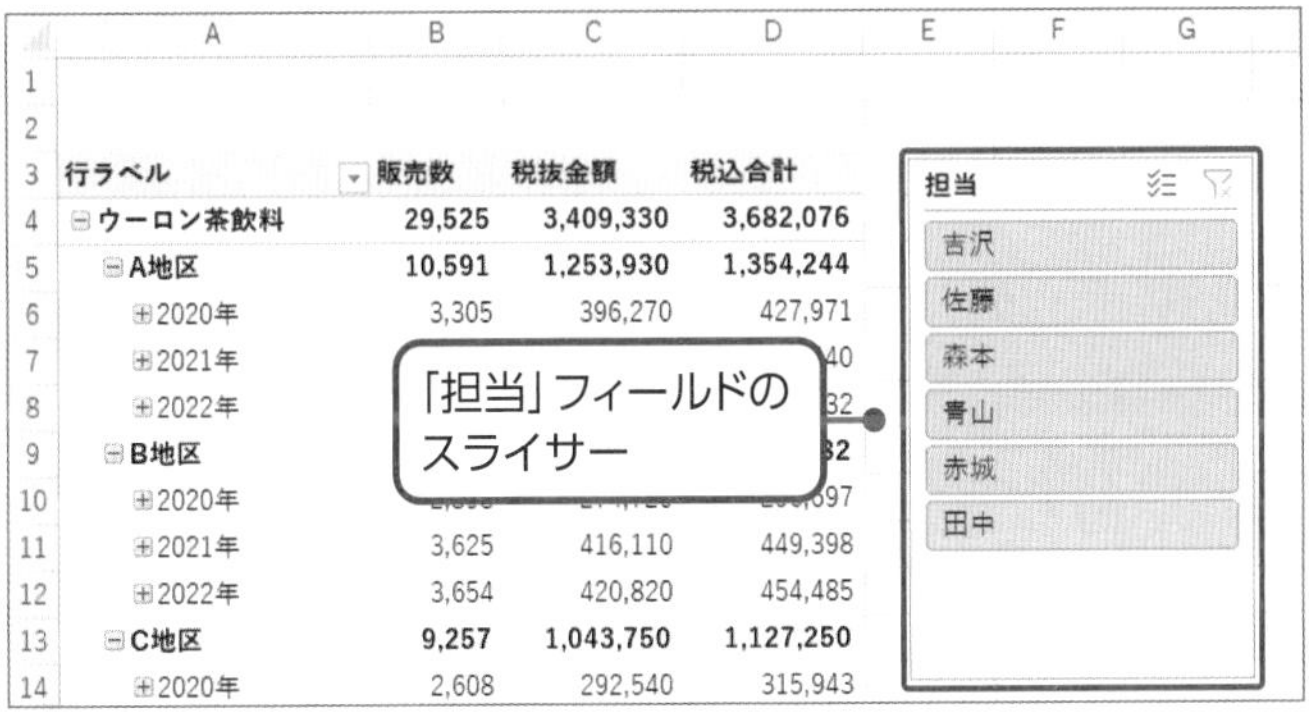

行ラベル	販売数	税抜金額	税込合計
⊟ウーロン茶飲料	29,525	3,409,330	3,682,076
⊟A地区	10,591	1,253,930	1,354,244
⊞2020年	3,305	396,270	427,971
⊞2021年	[illegible]	[illegible]	[illegible]
⊞2022年	[illegible]	[illegible]	[illegible]
⊟B地区	[illegible]	[illegible]	[illegible]
⊞2020年	[illegible]	[illegible]	[illegible]
⊞2021年	3,625	416,110	449,398
⊞2022年	3,654	420,820	454,485
⊟C地区	9,257	1,043,750	1,127,250
⊞2020年	2,608	292,540	315,943

スライサーを使うと、田中さんのデータだけが集計された！

行ラベル	販売数	税抜金額	税込合計
⊟ウーロン茶飲料	4,157	510,370	551,199
⊟A地区	4,157	510,370	551,199
⊞2020年	1,489	182,930	197,564
⊞2021年	1,202	150,540	162,583
⊞2022年	1,466	176,900	191,052
⊟コーヒー飲料	19,102	2,359,160	2,547,892
⊟A地区	19,102	2,359,160	2,547,892
⊞2020年	5,415	666,080	719,366
⊞2021年	4,830	595,500	643,140
⊞2022年	8,857	1,097,580	1,185,386
⊟ミネラルウォーター	7,529	896,550	968,274

●複数の属性でのフィルターも可能

スライサーは、属性ごとにカード状のボタン画面が表示される。フィルターをかけたいフィールドが複数ある場合、**2枚以上のスライサーを表示すれば、複数の条件でピボットテーブルの結果を絞り込むことも可能**だ。

たとえば、田中さんが担当した案件のうち、特定の商品に関するものだけをさらに集計したい場合だ。このようなときは、「担当」フィールドのスライサーと「商品名」フィールドのスライサーを2つ並べて表示する。そして、それぞれのスライサーで、抽出したい担当者や商品名のボタンを選択すると、ピボットテーブルの内容は、両方のスライサーの条件を共に満たす結果に変わる。

左ページの例では、「担当」フィールドが「田中」であり、なおかつ「商品名」フィールドが「無糖ブレンド」であるデータの集計結果を抽出している。「担当」フィールドのスライサーでは「田中」のボタンに、「商品名」フィールドのスライサーでは「無糖ブレンド」のボタンに、それぞれ色が付いている。このように、濃い色で表示されたボタンが、現在フィルターの条件になっていることを示すので、どんな条件で抽出しているのかが一目でわかる。

「担当」と「商品名」の2つのスライサーで抽出

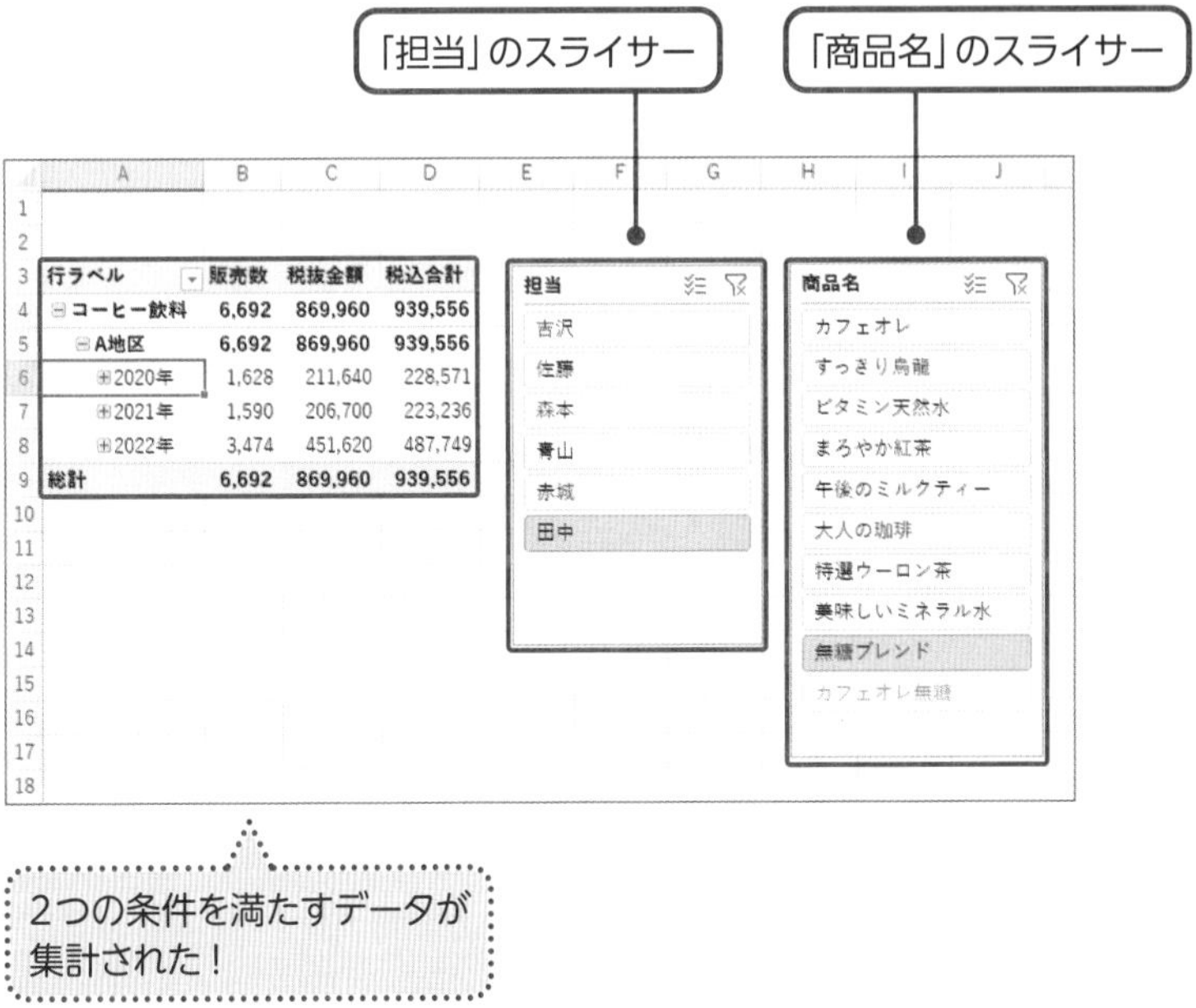

One Point

- スライサーは、現在の抽出条件のボタンが濃い色で表示されるのでわかりやすい。
- 複数のスライサーを使って、細かな条件での抽出も可能

Section 25

実際にスライサーを使ってみる

スライサーを起動する

スライサーは、フィールドごとに用意する。担当者でフィルターをかけるなら「担当」フィールド用のスライサーが、商品名で抽出したいなら「商品名」フィールド用のスライサーが、それぞれ必要だ。最初に必要なスライサーを準備しよう。

スライサーを起動するには、「ピボットテーブル分析」タブで「スライサーの挿入」をクリックする。表示された「スライサーの挿入」ダイアログボックスで、抽出に使いたいフィールドをクリックしてチェックを入れればよい。これで、選んだフィールドのスライサーがシートに表示される。

左ページの例では、担当者が「田中」である販売データを抽出したいので、「担当」フィールドにチェックを入れている。表示されたスライサーは、左上の「担当」と表示された部分にマウスポインターを合わせてドラッグし、邪魔にならない位置に移動しておこう。

「担当」のスライサーを追加

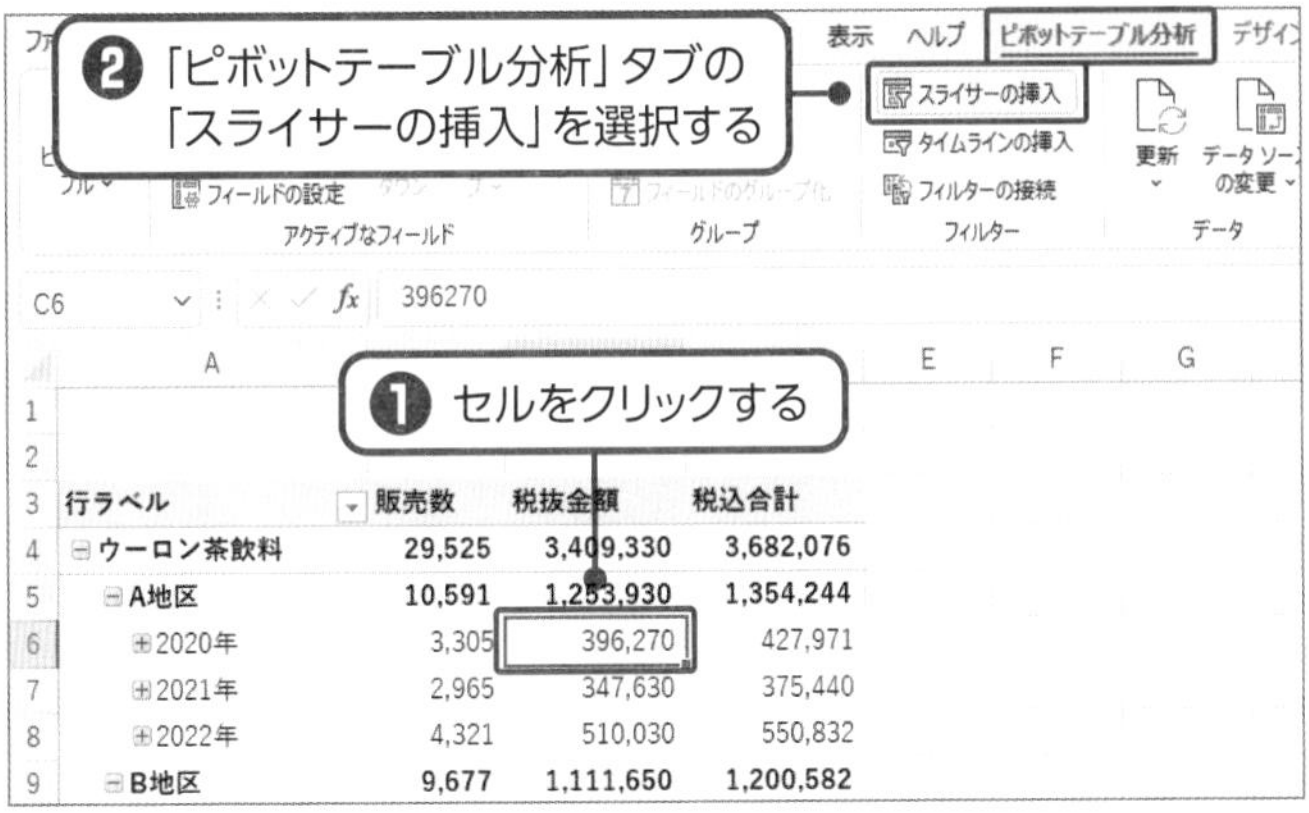

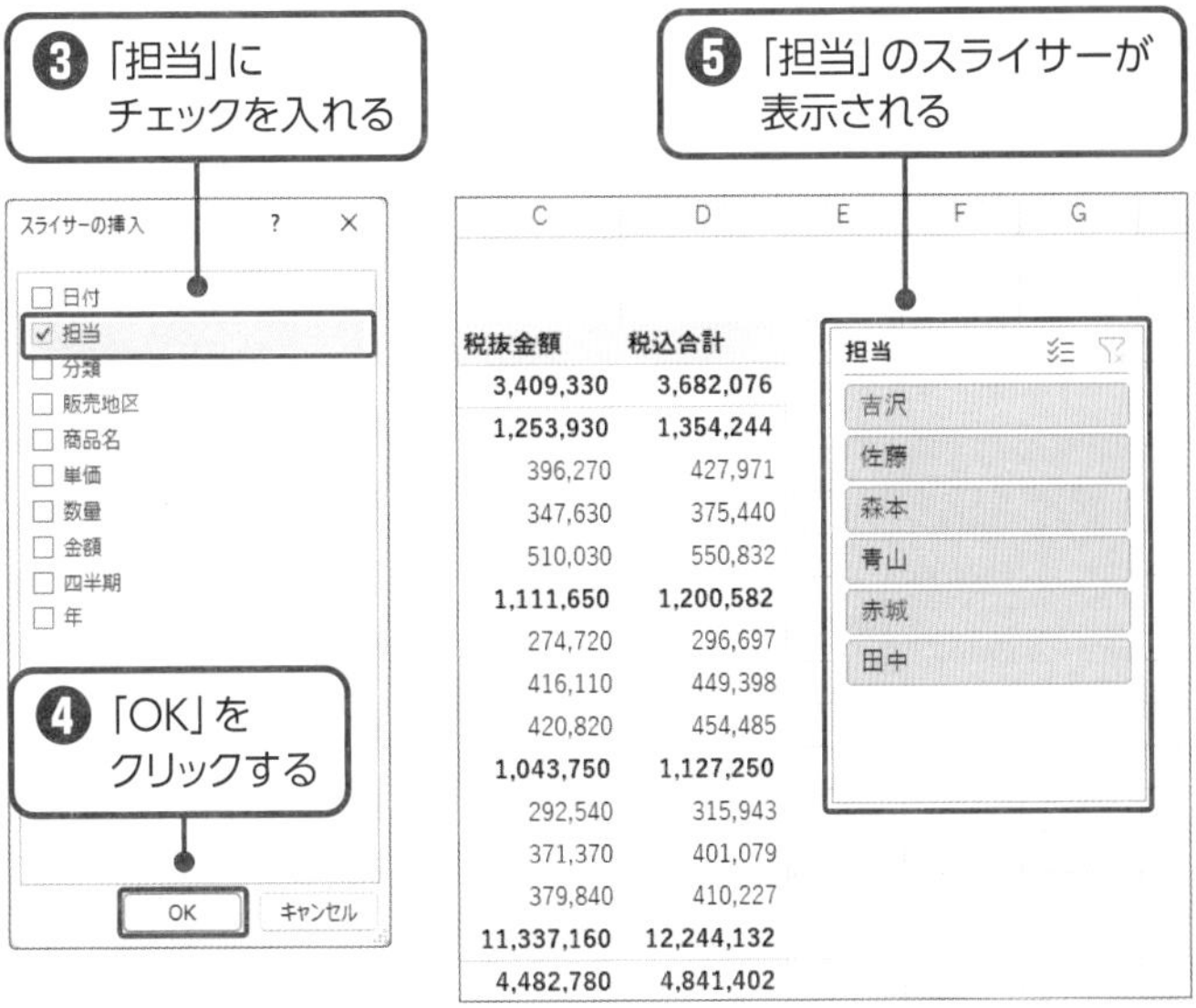

●スライサーで抽出を実行する

準備ができたら、スライサーを使って抽出してみよう。「担当」フィールドのスライサーには、担当者の名前のボタンが並んでいる。このボタンが青色のときは、その項目が抽出条件として選択されている状態を表す。スライサーを表示した直後は、まだフィルターの実行前なので、すべての担当者のボタンに青く色が付いている。

抽出したい担当者の名前をクリックすると、その担当者のボタンだけに色が付いた状態へと変わる。左ページ上の例では、「田中」をクリックしたので、「田中」のボタンだけが青く表示され、ほかの担当者のボタンは白に変わる。うっかり間違えて選んでしまっても、正しいボタンをクリックすれば選択し直すことができる。また、スライサーでのクリックと同時に、ピボットテーブルの様子が即座に変わるので、数値の確認もすぐにできる。

ちなみに「田中」と「青山」のように、複数の担当者を選びたい際は、Ctrlキーを押しながら、複数の名前をクリックして選択すればよい。左ページ下の例では、田中さんと青山さんの両方が抽出の対象になり、集計が行われる。

「担当」が田中さんのデータだけを集計

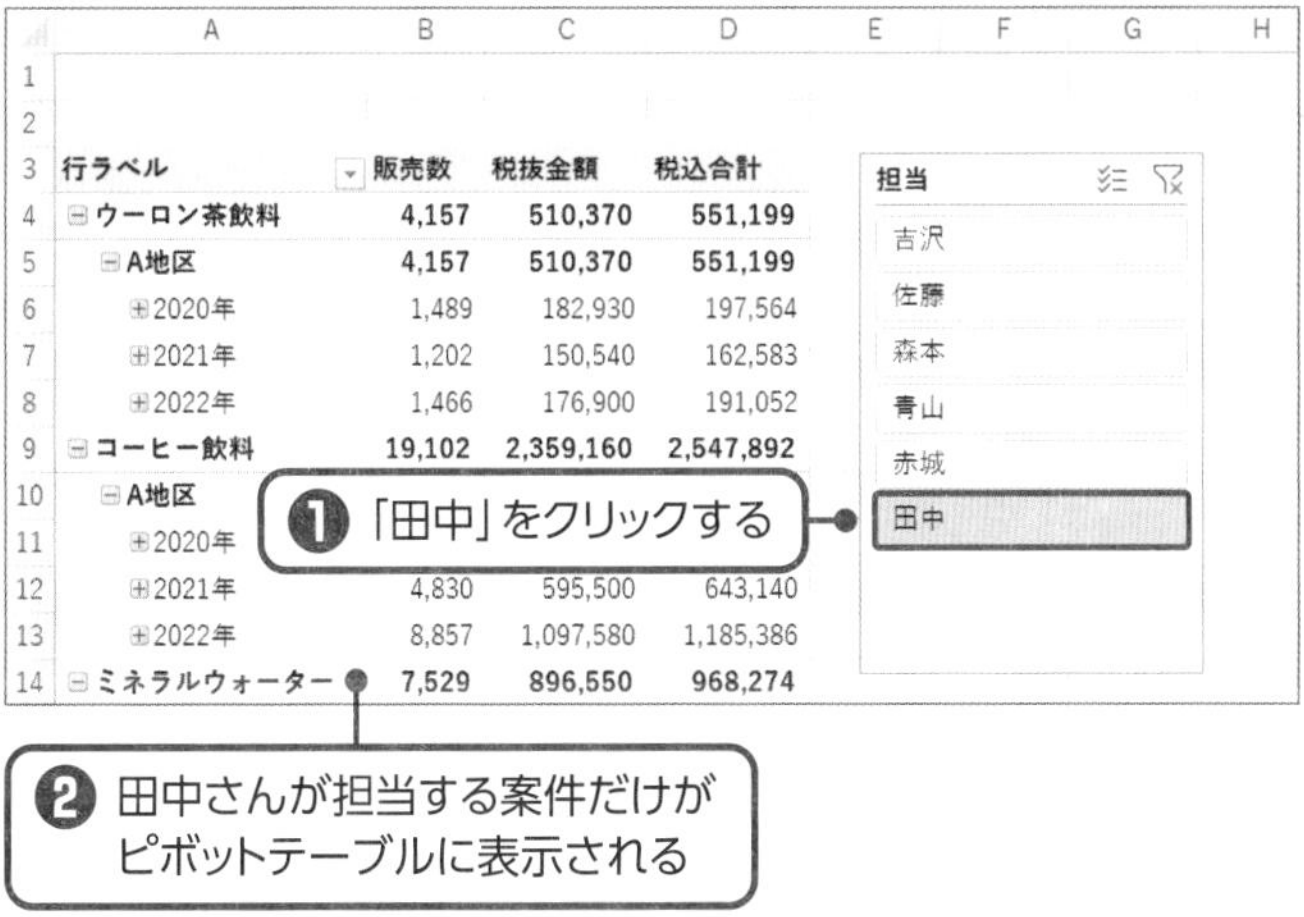

田中さんと青山さんのデータを集計

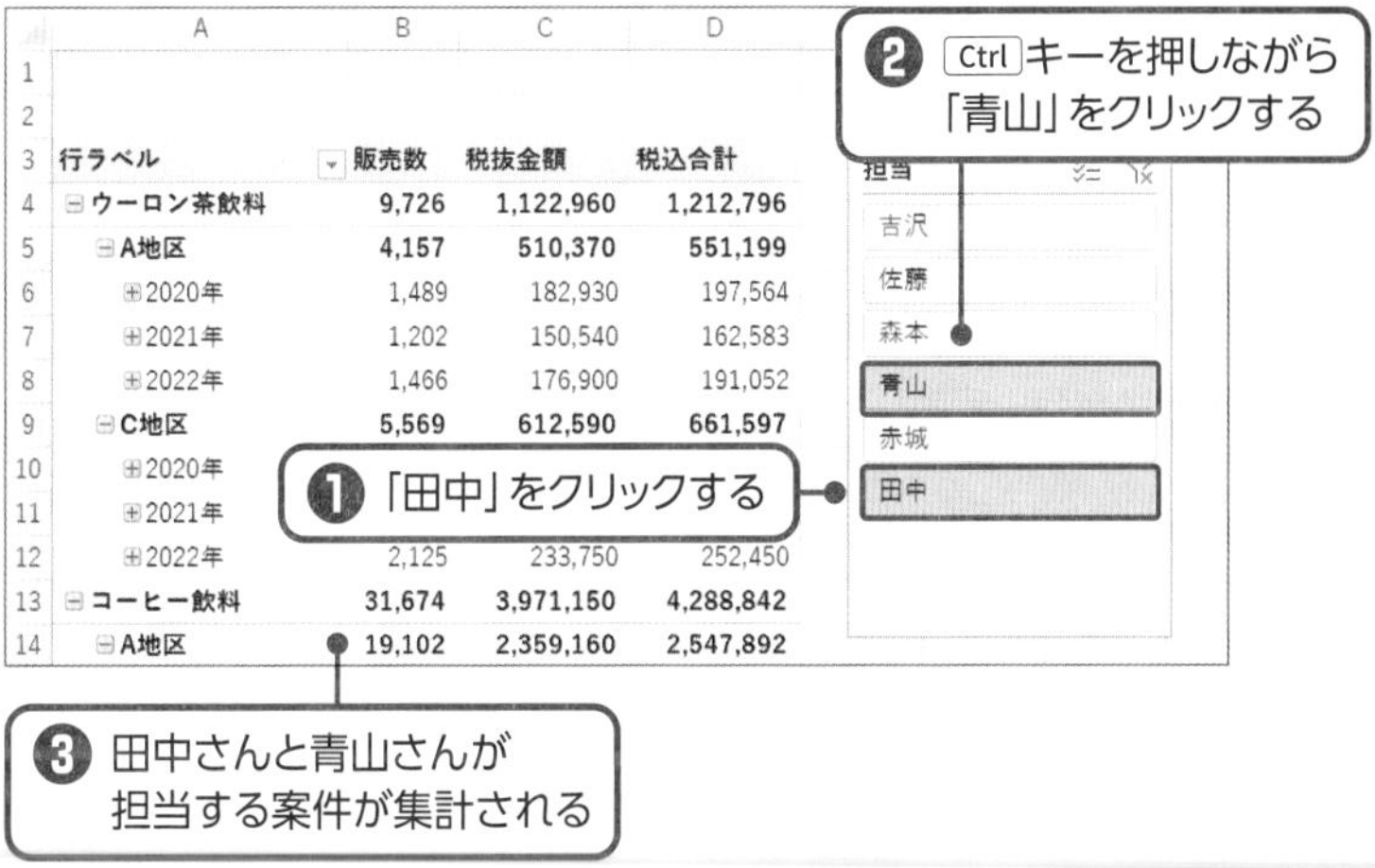

Section 26

複数スライサーを使ってより詳細な条件で抽出する

複数スライサーの操作に挑戦

スライサーは、異なるフィールドでの抽出に最適だ。「担当」「商品名」「販売地区」のように、複数のフィールドのスライサーを並べて表示すれば、カード画面上のボタンを次々にクリックするだけで、複雑な条件での抽出も簡単に実行できる。

ここでは、田中さんが担当した案件の中から、特定の商品に関する売上だけをさらに抽出して、集計を絞り込んでみよう。

まずは、「担当」フィールドのスライサーの隣に「商品名」フィールドのスライサーを追加する。左ページの例のように操作をすれば、「商品名」のスライサーを追加でシートに表示できる。なお、商品名の数が多いため、スライサーを追加したら、下境界の中央にある丸い部分をドラッグして、スライサー画面を拡張しておこう。これですべての商品名が表示されるので、このあとの抽出の操作がスムーズになる。

「商品名」のスライサーを追加

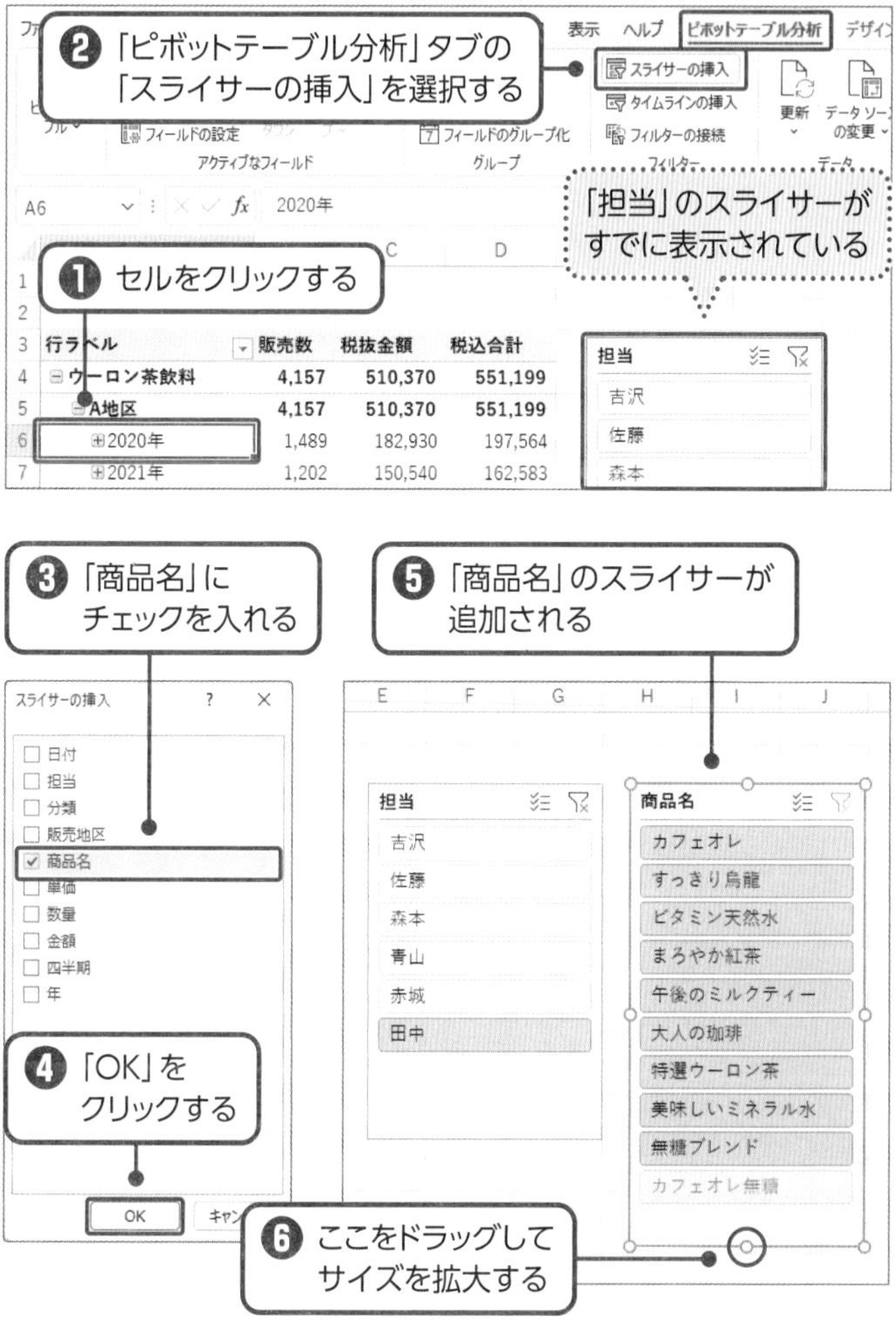

●複数スライサーで抽出する

「商品名」スライサーを準備できたら、田中さんが販売した商品の中から「無糖ブレンド」を選んでその売上をピボットテーブルで求めてみよう。

左ページの上の例を見てほしい。「担当」のスライサーで「田中」のボタンだけ青く色が付いている。これを見ればわかるように、すでに１４１ページ上の例での操作を通して、「担当」フィールドが「田中」であるデータは抽出済みの状態になっている。

一方、商品名での抽出はこれから行うので、「商品名」のスライサーは、すべてのボタンが青色で表示される。「無糖ブレンド」をクリックすれば、左ページ下の例のように、「無糖ブレンド」のボタンだけが青く変わり、ほかの商品は集計の対象から除外される。ピボットテーブルを見れば、担当者「田中」が販売した商品名「無糖ブレンド」のデータだけが集計され、数値も更新されるはずだ。

なお、スライサー右上の「フィルターのクリア」ボタンをクリックすれば、そのフィールドでの抽出を解除できる。また、スライサー自体を終了するには、スライサーを選択し、キーボードの Delete キーを押せばよい。これで、スライサーの画面がシートから削除される。

田中さんが販売した無糖ブレンドの集計を求める

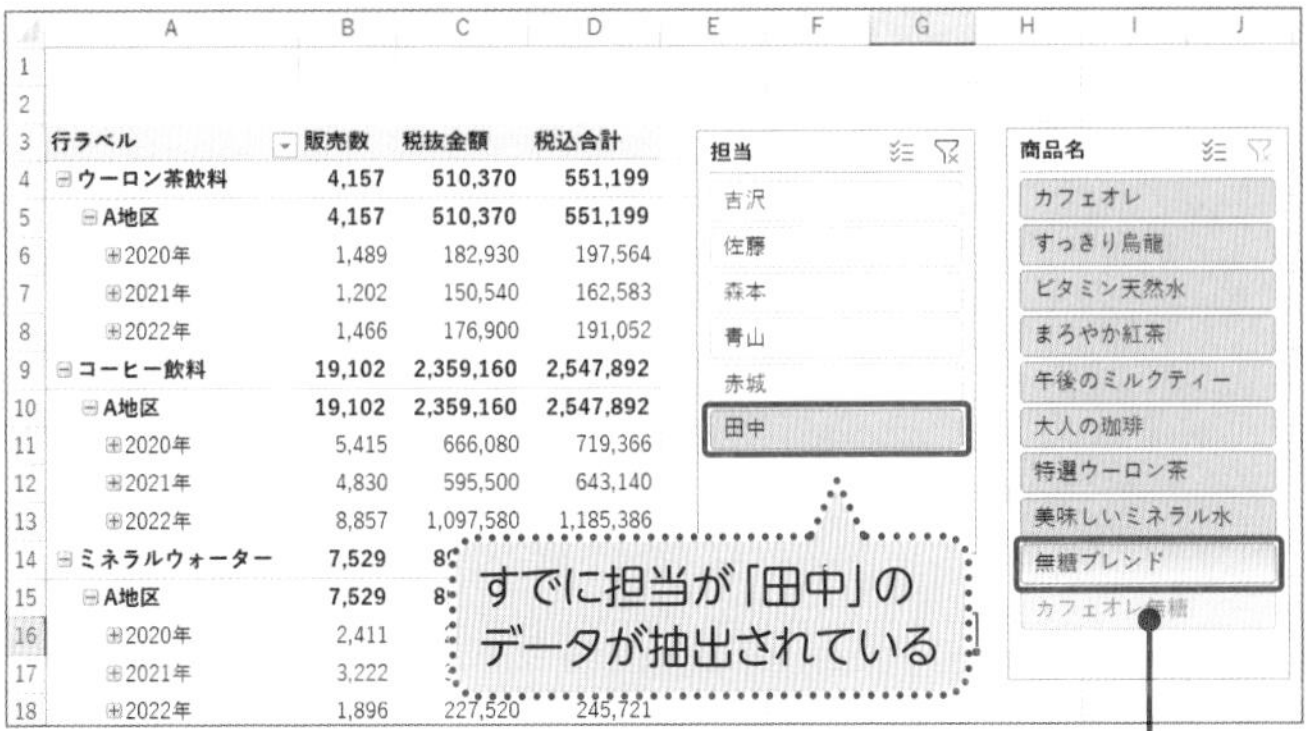

❶「無糖ブレンド」をクリックする

❷ 商品名が「無糖ブレンド」の
売上だけが表示される

抽出を解除するには
ここをクリック

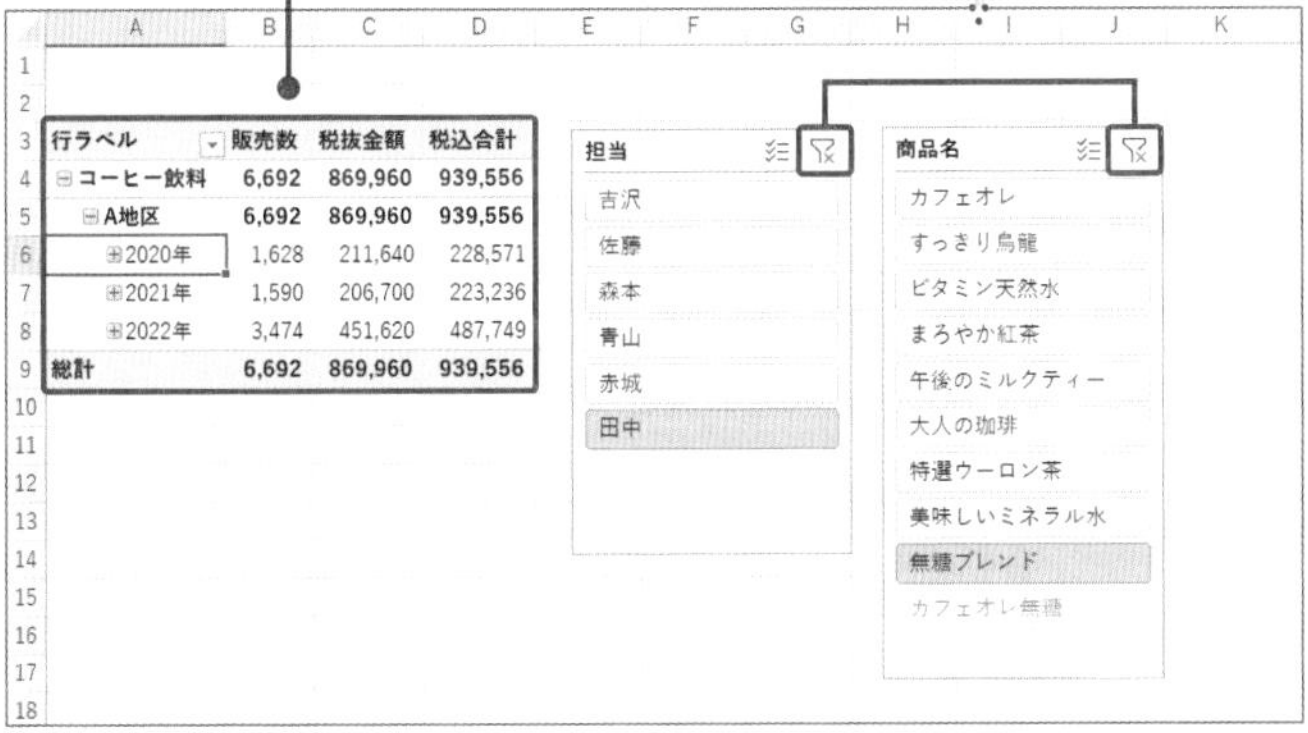

Section 27

直感的に一定期間の集計を把握できる「タイムライン」

「タイムライン」とは

日々蓄積された売上データのうち、2020年4月から2021年5月までのデータだけをピボットテーブルで集計したい。このように、ピボットテーブルでは、一定期間の内容だけを対象に集計結果を求めるニーズが非常に多い。そこでピボットテーブルには、時間軸専用のフィルターツールである**タイムライン**が用意されている。

タイムラインは、スライサーと同じで、ピボットテーブルとは離れた位置に表示される独立したツールだ。年、四半期、月などの期間で元データの一部を抽出したいときに使う。したがって、使えるフィールドはおのずと日付を扱うフィールドに限られる。このタイムラインを利用すれば、特定の期間のデータだけを対象に、ピボットテーブルの集計値を変更できる。

タイムラインを起動すれば、左ページの上の例のようなバーが表示される。このバーをドラッグすると、ピボットテーブルに集計させたい日付の範囲を指定できる。

「タイムライン」で期間を指定して集計する

❶ 2020年4月から2021年5月までをドラッグすると

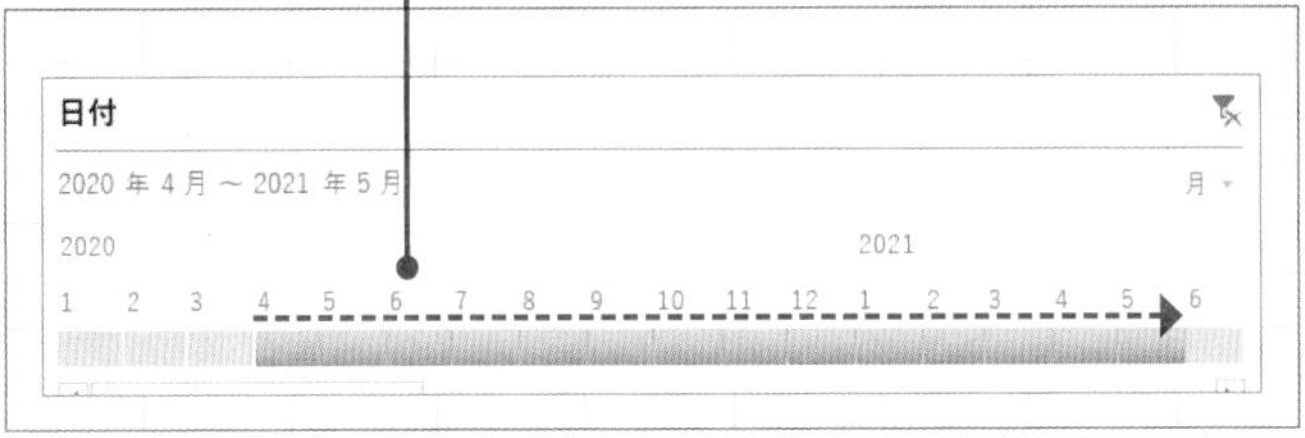

❷ 2020年4月から2021年5月までの集計結果が表示される

行ラベル	販売数	税抜金額	税込合計
⊟ウーロン茶飲料	**10,402**	**1,194,540**	**1,290,103**
⊟A地区	**3,395**	**403,270**	**435,531**
⊞2020年	2,113	251,570	271,695
⊞2021年	1,282	151,700	163,836
⊟B地区	**3,329**	**381,030**	**411,512**
⊞2020年	1,747	203,110	219,358
⊞2021年	1,582	177,920	192,153
⊟C地区	**3,678**	**410,240**	**443,059**
⊞2020年	1,928	217,740	235,159
⊞2021年	1,750	192,500	207,900
⊟コーヒー飲料	**32,469**	**4,052,080**	**4,376,246**
⊟A地区	**12,750**	**1,594,590**	**1,722,157**
⊞2020年	7,475	933,270	1,007,931

●年、四半期…時間単位は変更できる

タイムラインを起動した直後は、「月」単位でフィルターができる状態になっている。年単位や四半期単位で抽出したい場合、タイムラインの表示単位を「年」や「四半期」に変更できる。

単位を変更する方法は、左ページの上の例が参考になる。タイムライン右上にある「月」と表示された部分をクリックすれば、時間単位を選べるリストが現れるので、そこから使いたい単位を選び直せばよい。

左ページの上下のタイムラインを比べてみよう。上のタイムラインは「月」単位、下のタイムラインは「四半期」単位にそれぞれ設定されている。タイムラインの表示単位を変更すれば、それぞれの集計値が該当する表示単位に応じたものに変更される。たとえば、下のタイムラインの場合、ピボットテーブルには、２０２０年第３四半期から２０２１年第１四半期までを元にした集計値が表示されているはずだ。

フィルターを解除して元データ全体を集計対象に戻すには、右上端の「フィルターをクリア」ボタンをクリックすればよい。さらに、タイムライン自体が不要になったら、タイムラインを選択してから Delete キーを押せばシート上から削除できる。

時間単位の変更やフィルターの解除も簡単

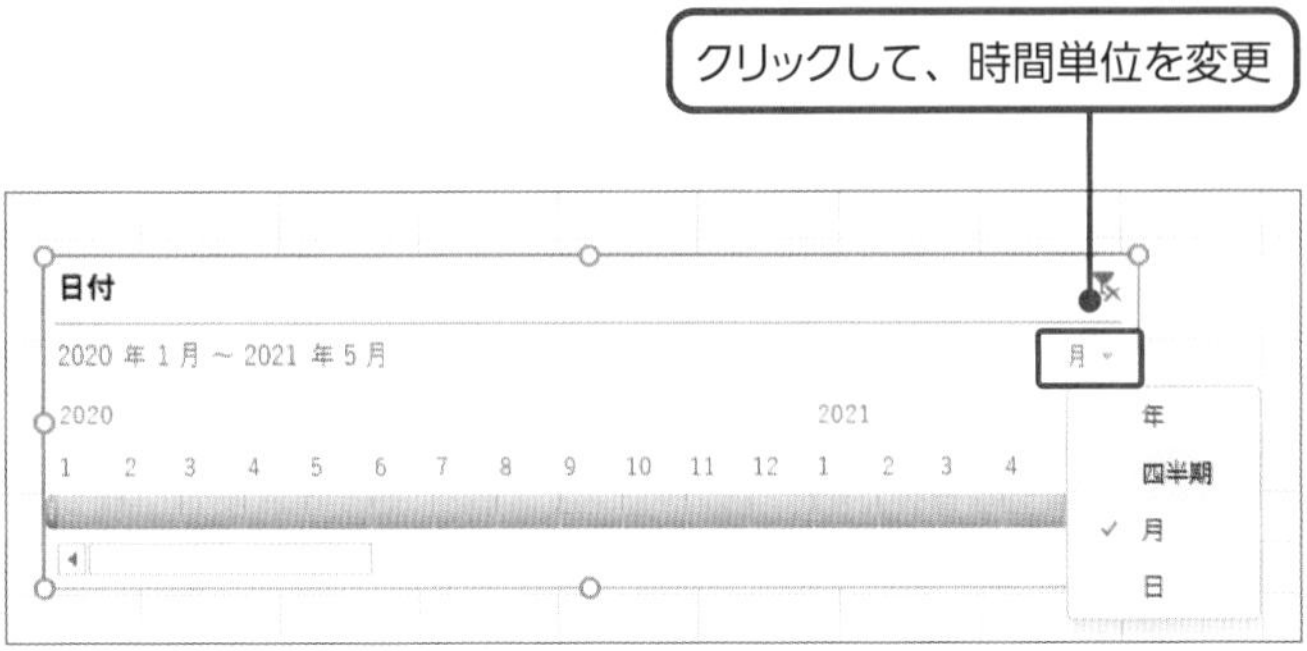

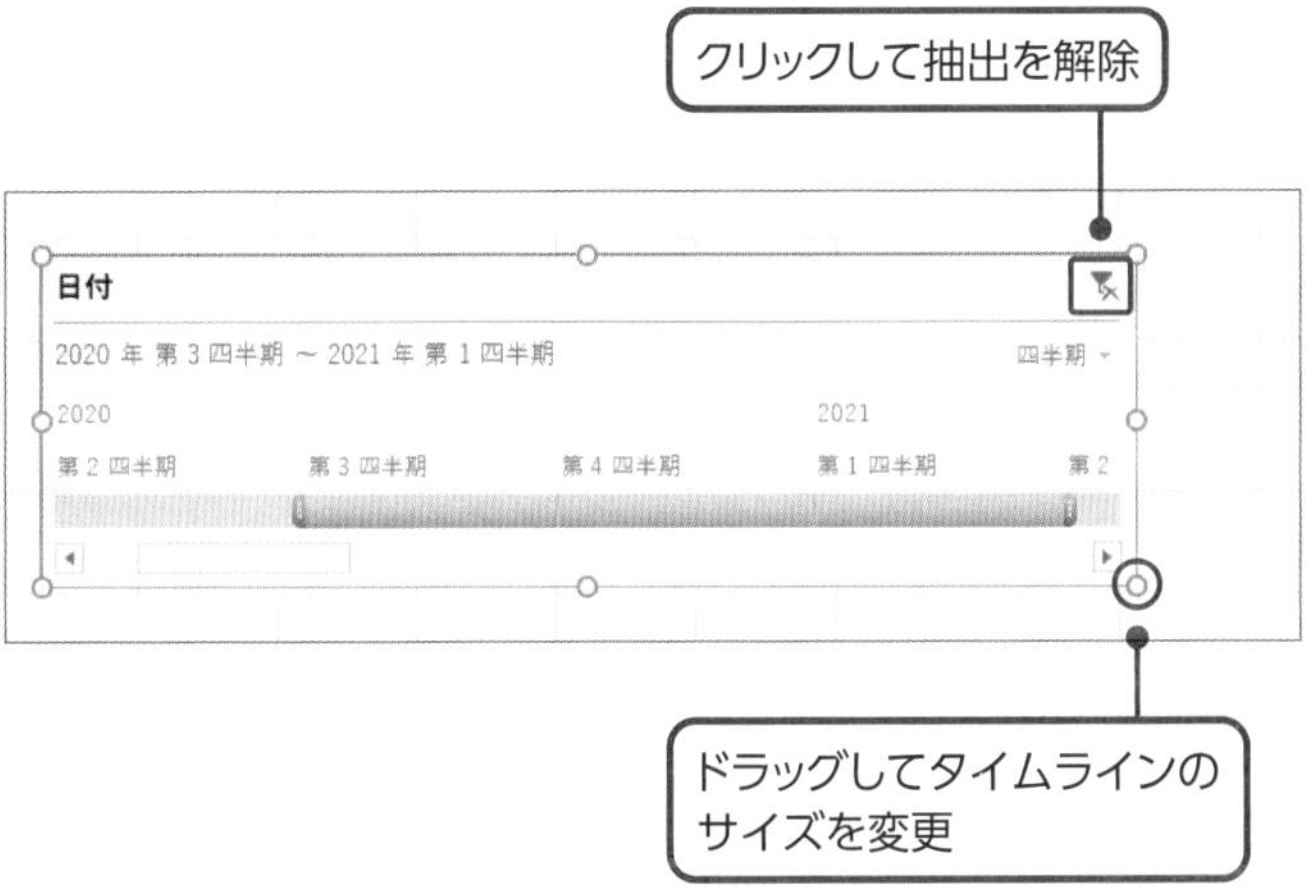

Section 28

実際にタイムラインを使ってみる

タイムラインを起動する

タイムラインの利用にも準備が必要だ。まず、シート上にタイムラインを表示しよう。「ピボットテーブル分析」タブの「タイムラインの挿入」ボタンをクリックすると、「タイムラインの挿入」ダイアログボックスが開く。ここには、元の表に含まれる日付データのフィールド名がリストアップされる。元々タイムラインに使えるのは日付フィールドのみなので、文字や数字などほかの形式のデータのフィールドは最初から表示されていない。タイムラインに使いたいフィールドにチェックを入れてダイアログボックスを閉じると、タイムラインが表示される。

「受注日」と「納品日」のようにピボットテーブルの元の表に、日付のフィールドが複数ある場合、複数の日付フィールドにチェックを入れれば、タイムラインも複数表示できる。この場合、「受注日」と「納品日」のそれぞれのタイムラインで抽出を行えば、抽出された両方の日付に該当する販売データだけが集計の対象になる。

「日付」のタイムラインを追加

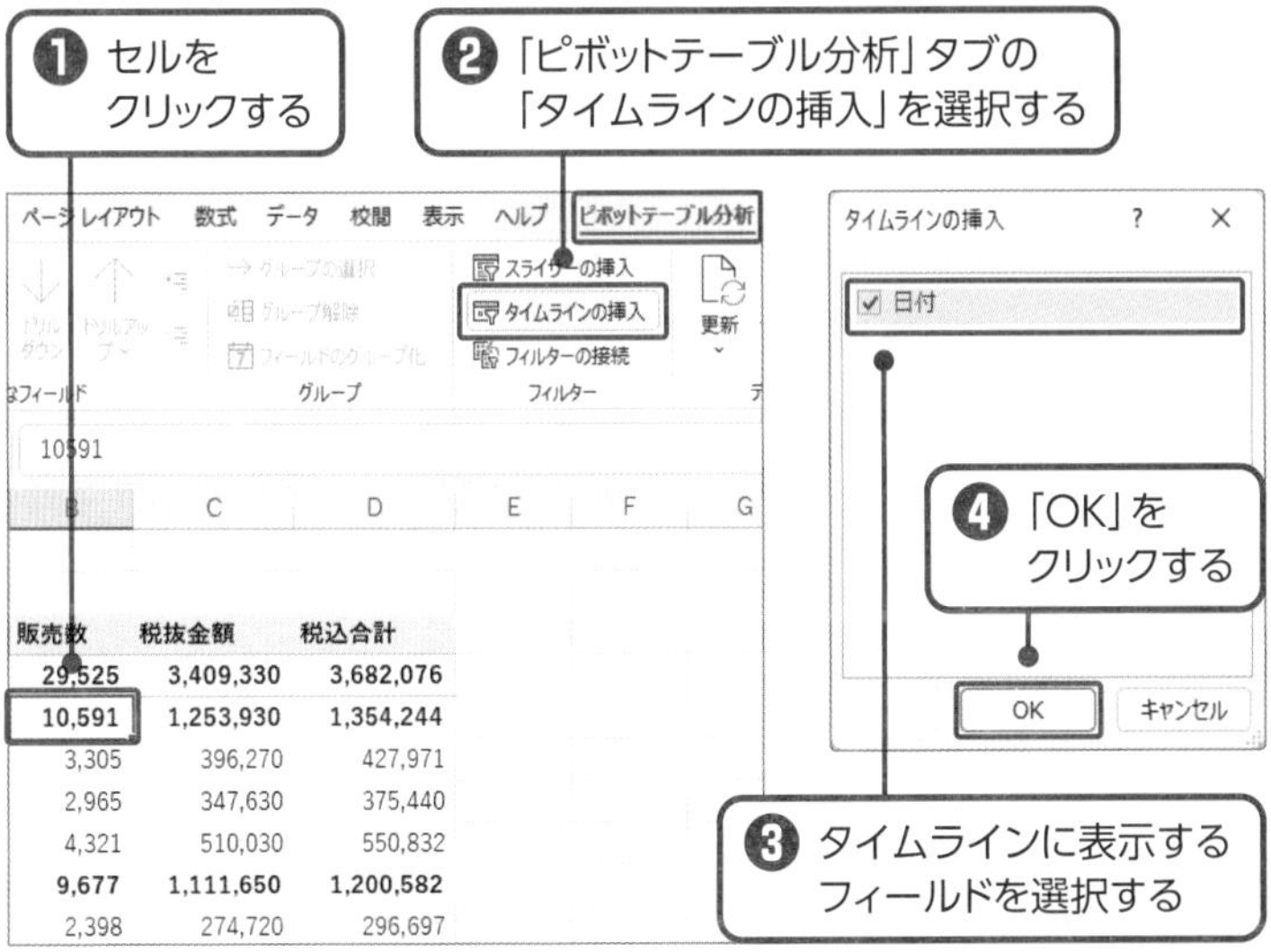

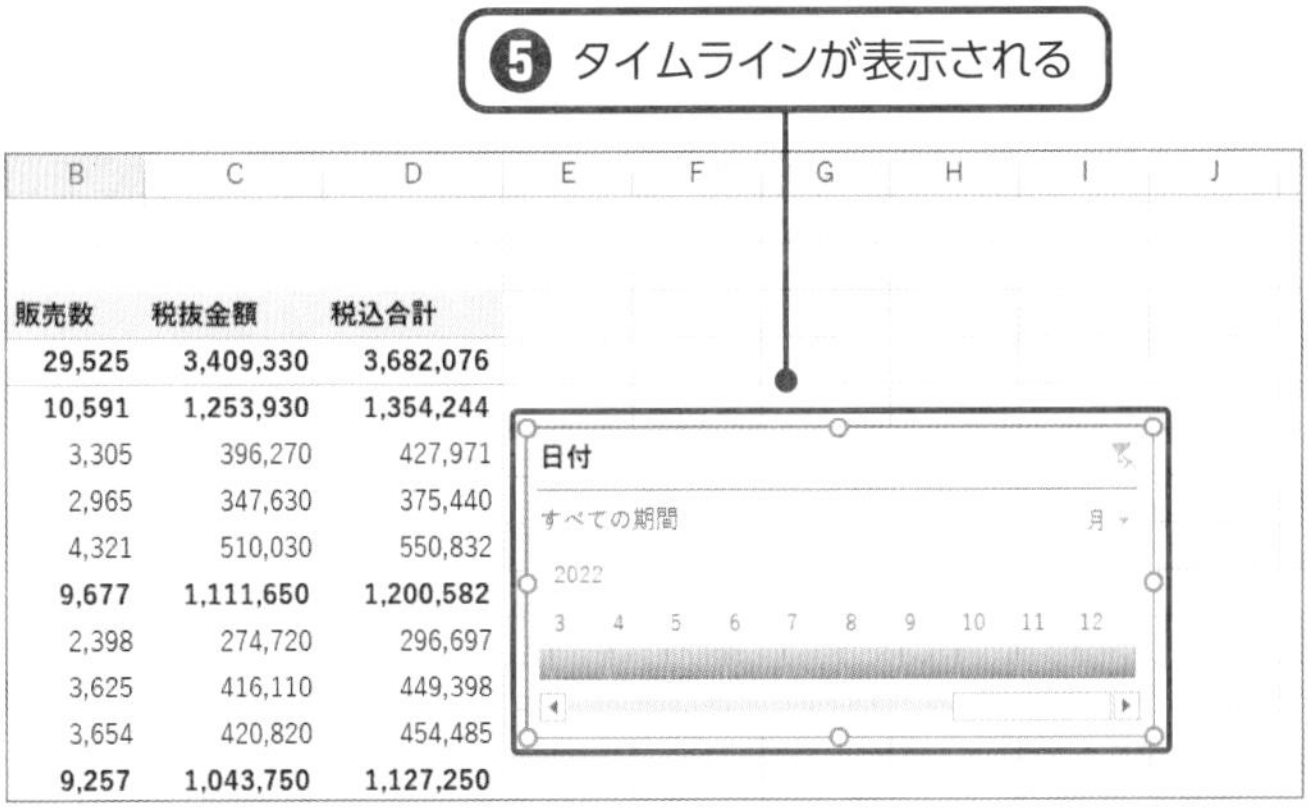

●タイムラインで抽出を実行

フィルターを実行する前に、表示されたタイムラインの横幅を広げておこう。タイムライン枠線上にある○の部分にマウスを合わせてドラッグすれば、大きさを自在に変更できる。抽出したい期間によっては、ドラッグ操作の距離も長くなる。あらかじめタイムラインを拡張しておけば、あとのドラッグ操作がスムーズになるためだ。

準備ができたら、あとはドラッグするだけ。左ページの例では、２０２０年４月から２０２１年５月までの販売データを抽出している。タイムラインのバーに始点となる「２０１４年４月」が表示されるようスクロールして表示を調整したら、２０２０年４月の「４」の下にマウスポインターを合わせてドラッグを開始しよう。終点となる日付は「２０２１年５月３１日」なので、バーに表示される２０２１年６月の「６」の数字の手前までドラッグすればよい。ドラッグの終了と同時に、ピボットテーブルの数値が、抽出の結果を受けて変わることがわかるだろう。抽出の期間を変更したい場合、新たにドラッグし直せばよい。ドラッグは何回でもやり直すことができ、ピボットテーブルの状況も、タイムラインでドラッグ操作をするたびに変化する。

2020年4月から2021年5月までのデータを抽出

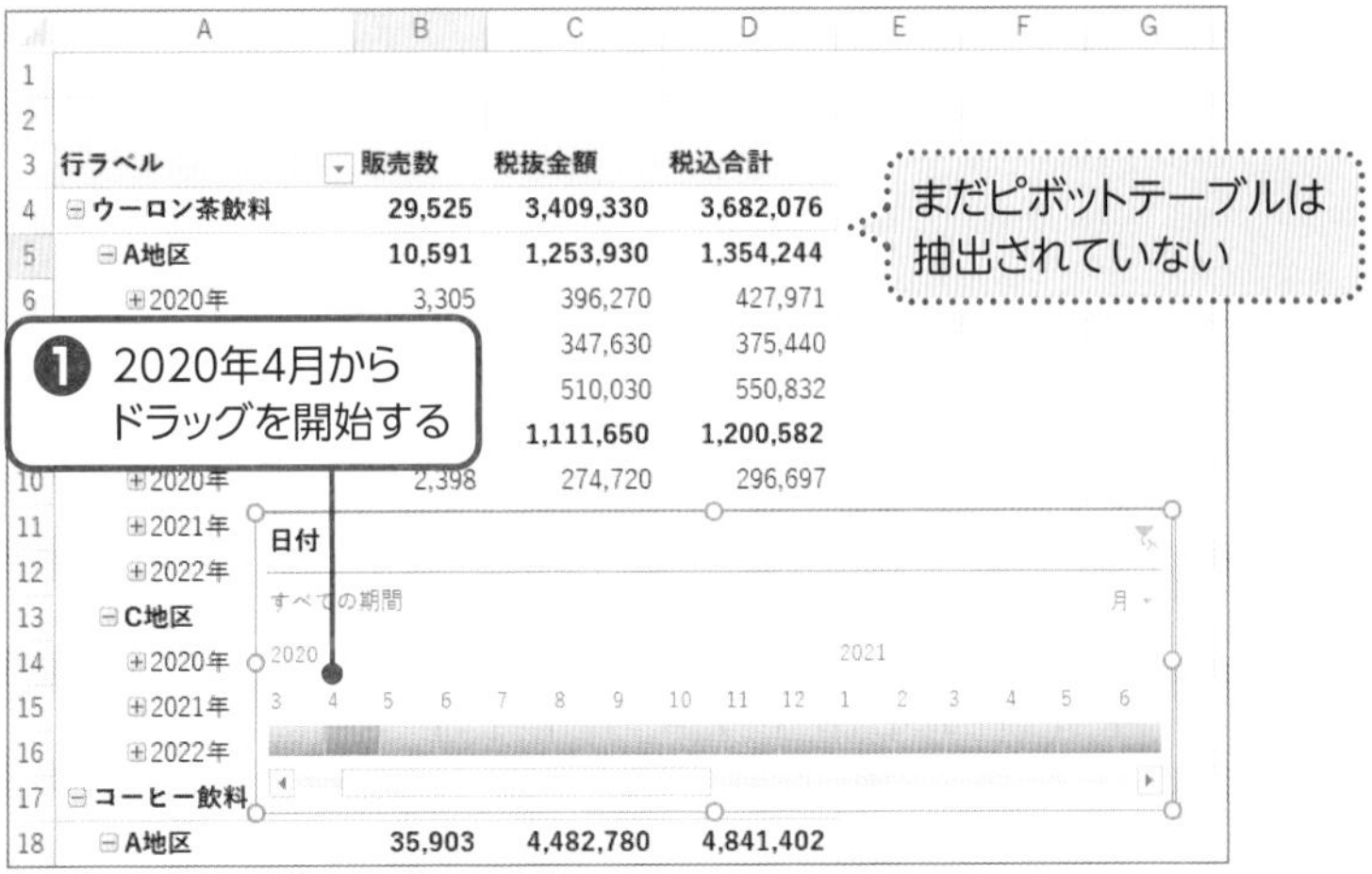

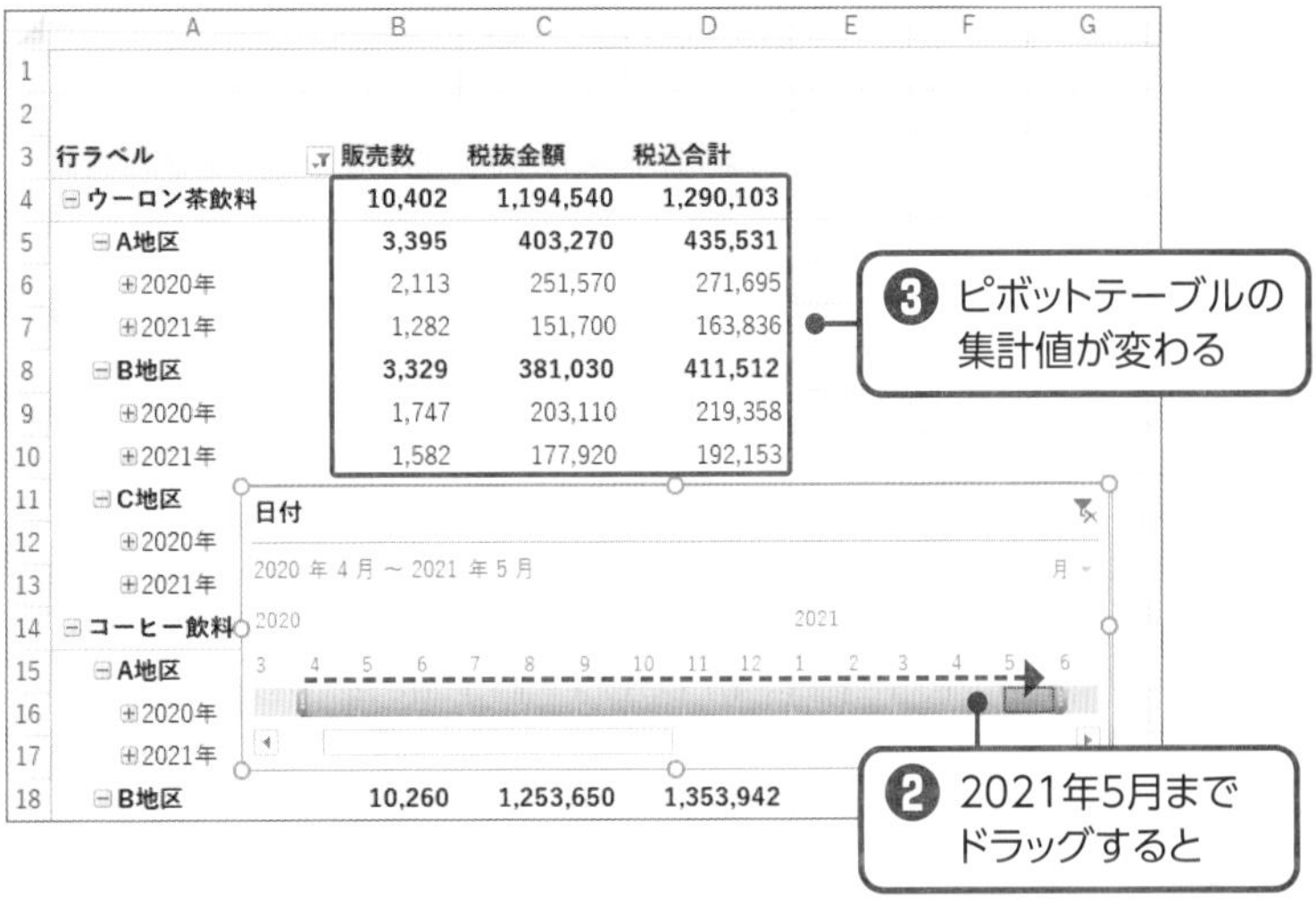

Section

29

抽出されたデータの件数を調べる

集計はあとからでも追加できる

本書の最後に、条件を付けて抽出した結果、抽出されたデータの件数を把握する方法を解説する。左ページ上のピボットテーブルには、タイムラインを使って２０２０年４月から２０２１年５月までのデータを抽出し、それを元に集計した結果が表示されている。それぞれの商品分類や販売地区において抽出されたデータの件数は何件だろうか。ただし、この時点で「列」エリアに表示されている集計項目は「販売数」「税抜金額」「税込合計」の３種類だけだ。データの件数を求める項目は存在しないので、これから作ろう。ピボットテーブルでは、項目や集計のフィールドを自由なタイミングで追加できる。この例のように、抽出後に新たな集計を増やすことも可能なのだ。

具体的には、左ページ下の例のように、「列」のエリアの先頭（B列）に「データ件数」という名前の項目を追加したい。そして、「行」のエリア（A列）に表示された属性の件数を集計しよう。

抽出されたデータの数を知りたい

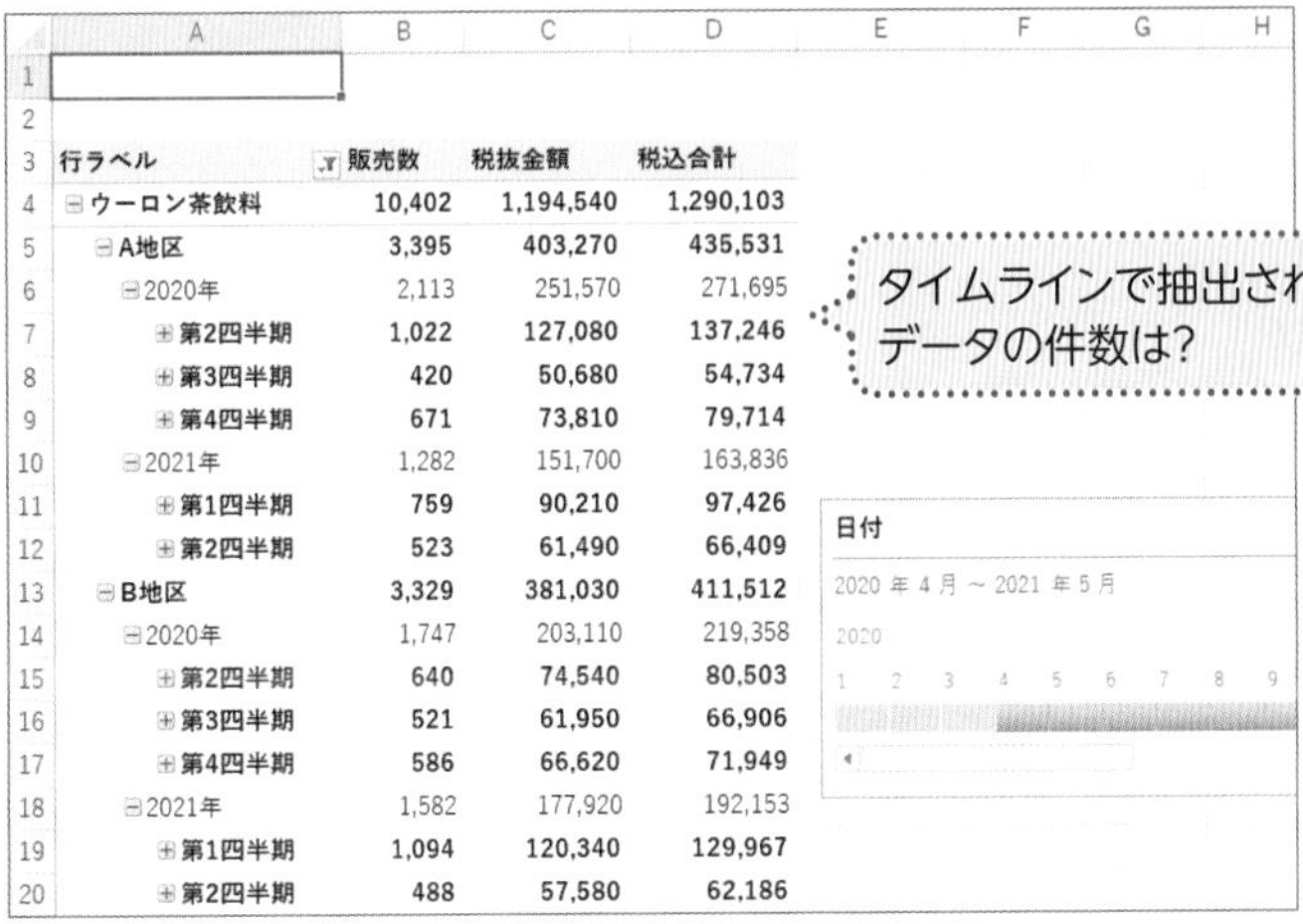

	A	B	C	D
1				
2				
3	行ラベル	販売数	税抜金額	税込合計
4	⊟ウーロン茶飲料	10,402	1,194,540	1,290,103
5	⊟A地区	3,395	403,270	435,531
6	⊟2020年	2,113	251,570	271,695
7	⊞第2四半期	1,022	127,080	137,246
8	⊞第3四半期	420	50,680	54,734
9	⊞第4四半期	671	73,810	79,714
10	⊟2021年	1,282	151,700	163,836
11	⊞第1四半期	759	90,210	97,426
12	⊞第2四半期	523	61,490	66,409
13	⊟B地区	3,329	381,030	411,512
14	⊟2020年	1,747	203,110	219,358
15	⊞第2四半期	640	74,540	80,503
16	⊞第3四半期	521	61,950	66,906
17	⊞第4四半期	586	66,620	71,949
18	⊟2021年	1,582	177,920	192,153
19	⊞第1四半期	1,094	120,340	129,967
20	⊞第2四半期	488	57,580	62,186

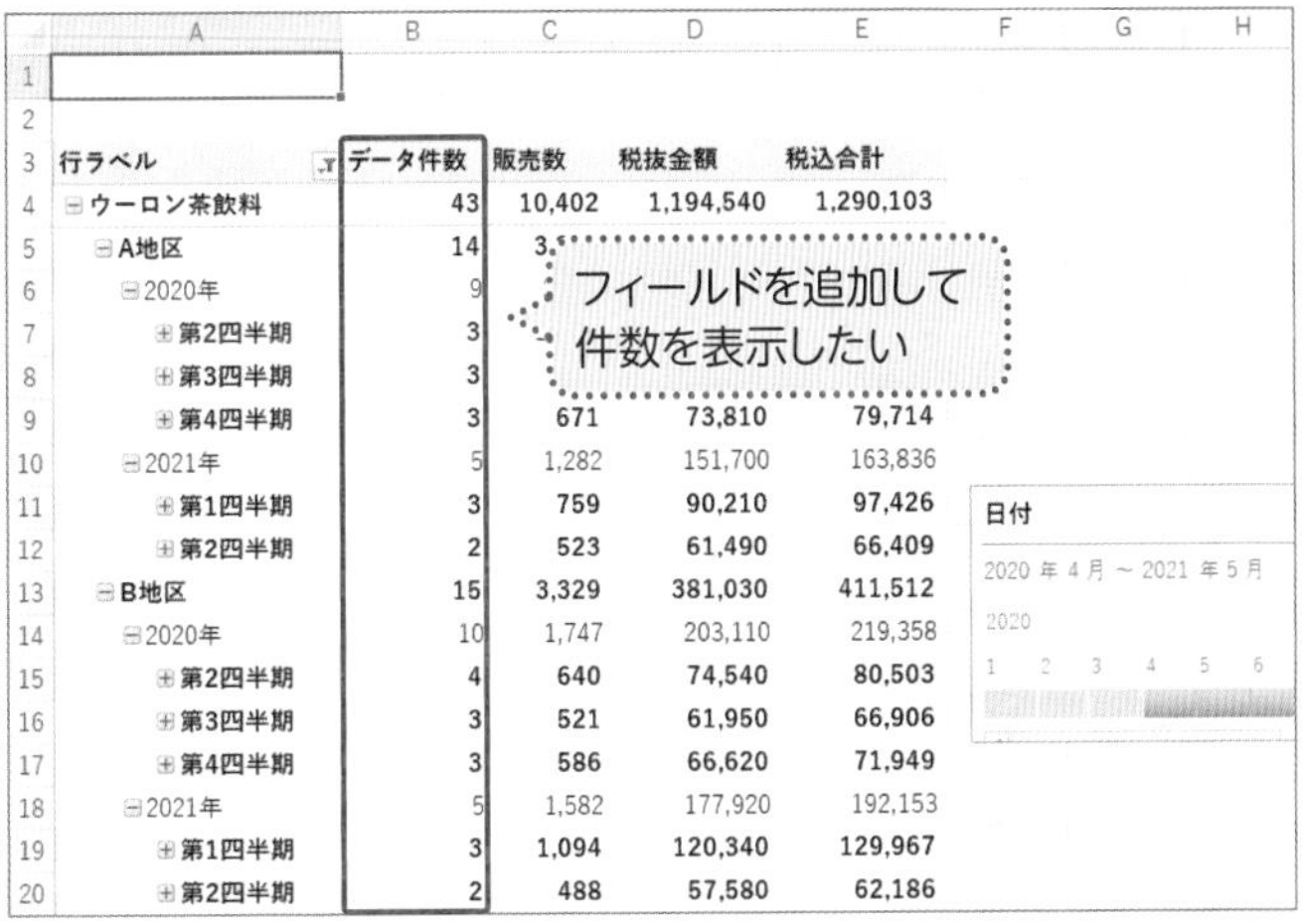

	A	B	C	D	E
1					
2					
3	行ラベル	データ件数	販売数	税抜金額	税込合計
4	⊟ウーロン茶飲料	43	10,402	1,194,540	1,290,103
5	⊟A地区	14	3,		
6	⊟2020年	9			
7	⊞第2四半期	3			
8	⊞第3四半期	3			
9	⊞第4四半期	3	671	73,810	79,714
10	⊟2021年	5	1,282	151,700	163,836
11	⊞第1四半期	3	759	90,210	97,426
12	⊞第2四半期	2	523	61,490	66,409
13	⊟B地区	15	3,329	381,030	411,512
14	⊟2020年	10	1,747	203,110	219,358
15	⊞第2四半期	4	640	74,540	80,503
16	⊞第3四半期	3	521	61,950	66,906
17	⊞第4四半期	3	586	66,620	71,949
18	⊟2021年	5	1,582	177,920	192,153
19	⊞第1四半期	3	1,094	120,340	129,967
20	⊞第2四半期	2	488	57,580	62,186

●属性のフィールドを集計に追加

　では、ピボットテーブルの「列」エリアに、データ件数を求めるための新たなフィールドを追加したい。63ページで紹介したように、データ件数を求めるには、フィールドの集計方法に「個数」を指定する。個数とは、空欄以外で何らかのデータが入力されたセルの数を数える集計のことだ。

　では、どのフィールドを追加すればよいのだろう。ここで、92ページの内容を思い出そう。文字データが入力されたフィールドをピボットテーブルに追加すれば、集計方法は自動的に「個数」になるのだ。そこで、左ページの手順のように、フィールドセクションで「商品名」など文字データのフィールドを選び、エリアセクションの「Σ値」のボックスの一番上までドラッグして追加しよう。これだけの操作で、「列」エリアの先頭（B列）に「個数／商品名」という項目が追加され、「ウーロン茶飲料」、「A地区」などA列の属性に応じたデータ件数が表示される。あとは、１０２ページを参考に項目見出しを「データ件数」に変更すれば完成だ。

　なお、ピボットテーブルでは、抽出の実行後に集計を追加すると、抽出された状態での集計値が最初から表示される。

「Σ値」ボックスに属性フィールドを追加して件数を求める

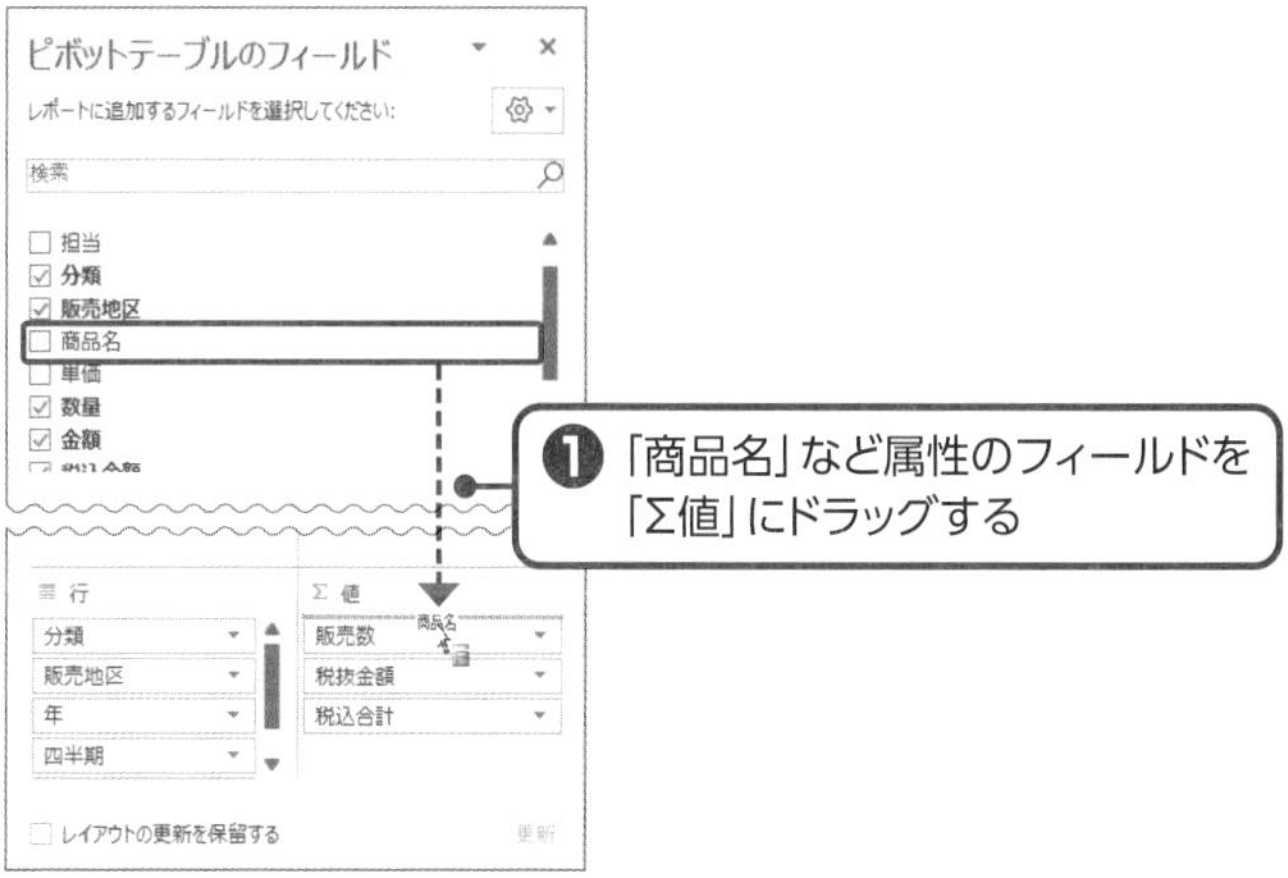

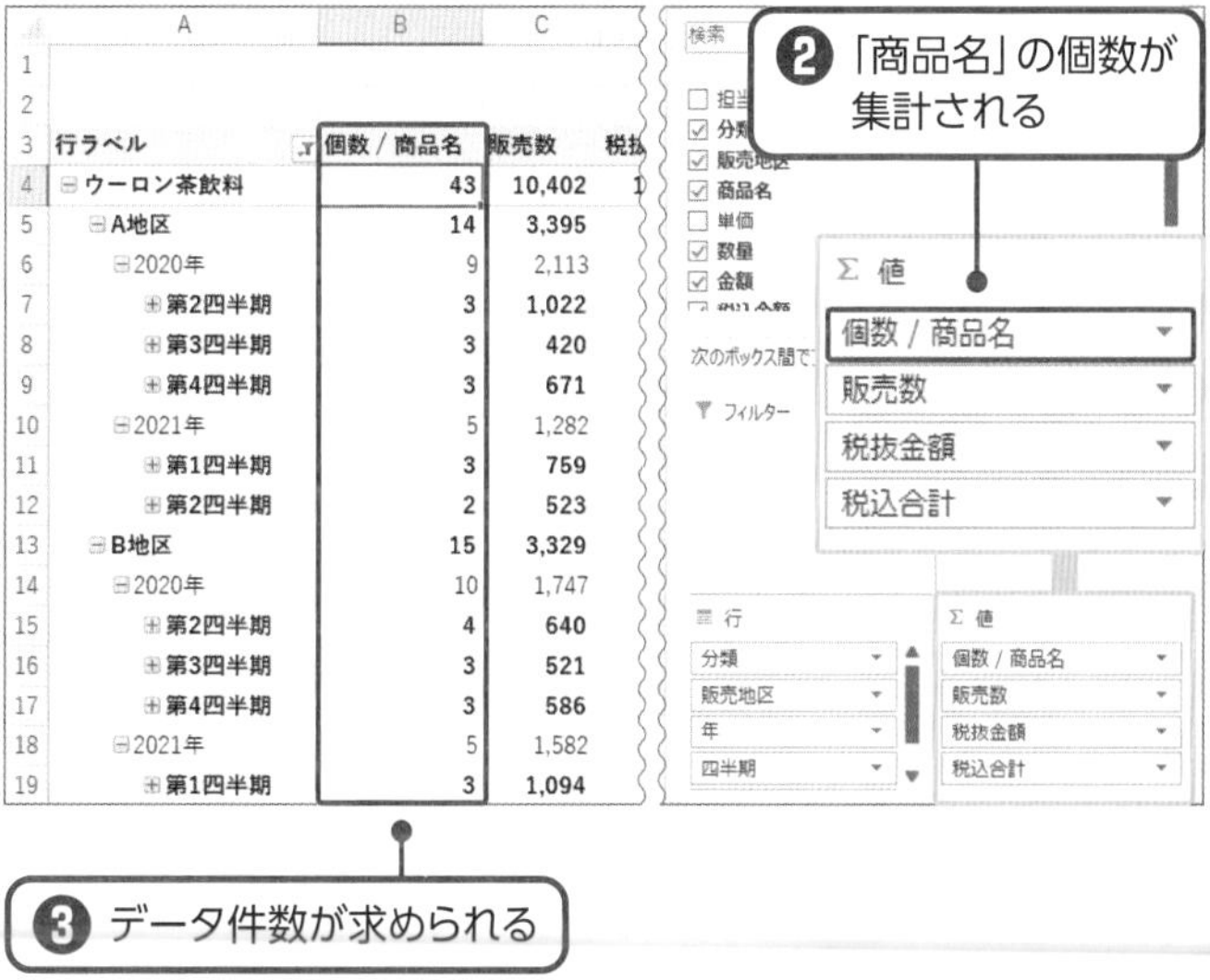

Column

列方向のグループ化

ピボットテーブルの「列」のエリアには、さまざまな集計の種類を示す見出しが並ぶ。集計の種類が増えてきたら、主だったものだけを表示して明細部分を折りたためるボタンを作っておくと使いやすくなる。列単位で表を折りたたんだり展開したりするボタンを簡単に作れるので紹介しよう。

列方向にグループ化を設定

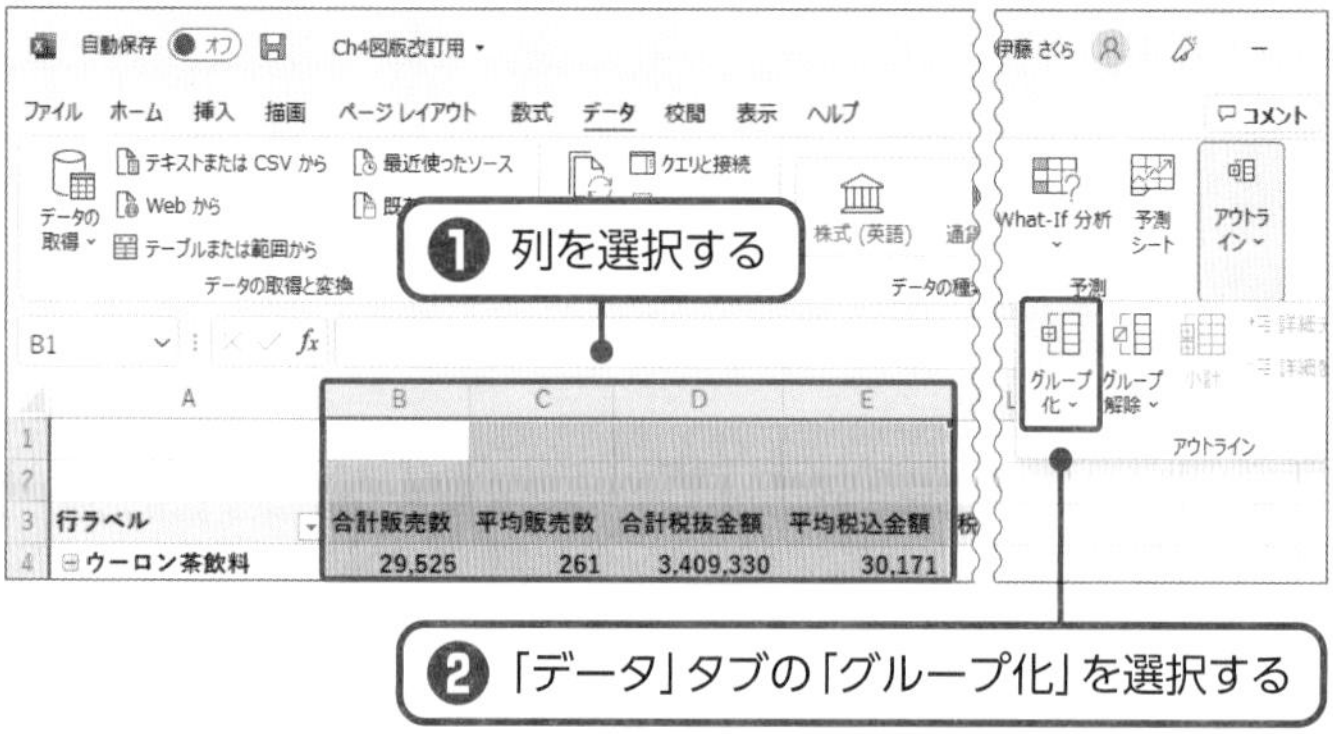

❶ 列を選択する
❷「データ」タブの「グループ化」を選択する

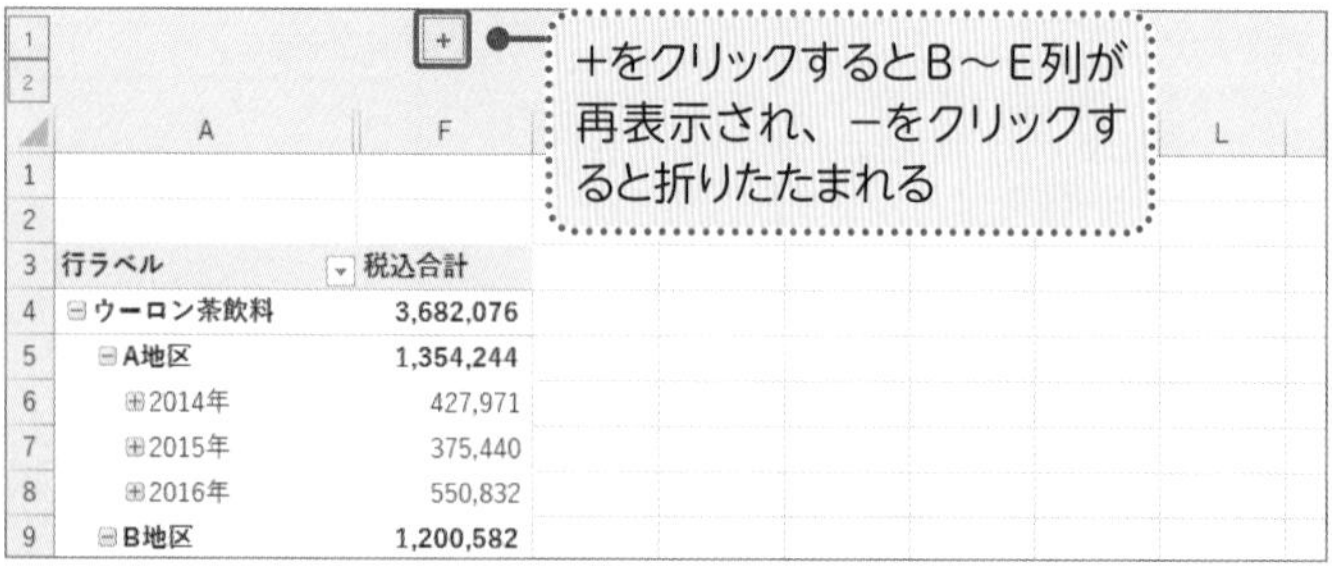

+をクリックするとB～E列が再表示され、−をクリックすると折りたたまれる

索引

記号・アルファベット

あ・か行

さ・た行

な・は行

ま・ら・わ行

お問い合わせについて

本書に関するご質問については、本書に記載されている内容に関するもののみとさせていただきます。本書の内容と関係のないご質問につきましては、一切お答えできませんので、あらかじめご了承ください。また、電話でのご質問は受け付けておりませんので、必ずFAXか書面にて下記までお送りください。

なお、ご質問の際には、必ず以下の項目を明記していただきますようお願いいたします。

① お名前
② 返信先の住所またはFAX番号
③ 書名（スピードマスター 1時間でわかる
エクセル ピボットテーブル ［改訂2版］）
④ 本書の該当ページ
⑤ ご使用のOSとソフトウェアのバージョン
⑥ ご質問内容

なお、お送りいただいたご質問には、できる限り迅速にお答えできるよう努力いたしておりますが、場合によってはお答えするまでに時間がかかることがあります。また、回答の期日をご指定なさっても、ご希望にお応えできるとは限りません。あらかじめご了承くださいますよう、お願いいたします。

ご質問の際に記載いただきました個人情報は、回答後速やかに破棄させていただきます。

お問い合わせの例

FAX

① お名前
技術　太郎
② 返信先の住所またはFAX番号
03-××××-××××
③ 書名
スピードマスター 1時間でわかる
エクセル ピボットテーブル ［改訂2版］
④ 本書の該当ページ
143ページ
⑤ ご使用のOSとソフトウェアのバージョン
Windows 11
Excel 2021
⑥ ご質問内容
スライサーが表示されない

問い合わせ先

〒162-0846
東京都新宿区市谷左内町21-13
株式会社技術評論社　書籍編集部
「スピードマスター 1時間でわかる
エクセル ピボットテーブル［改訂2版］」質問係
［FAX］03-3513-6167
［URL］https://book.gihyo.jp/116

スピードマスター　1時間《じかん》でわかる
エクセル　ピボットテーブル
［改訂《かいてい》2版《はん》］

2016年9月15日　初　版　第1刷発行
2022年4月29日　第2版　第1刷発行

装丁／本文デザイン　坂本 真一郎
（クオルデザイン）
DTP　五野上 恵美
編集　土井 清志

著　者　木村《きむら》 幸子《さちこ》
発行者　片岡 巌
発行所　株式会社 技術評論社
東京都新宿区市谷左内町21-13
電話　03-3513-6150　販売促進部
03-3513-6160　書籍編集部
製本／印刷　株式会社 加藤文明社

定価はカバーに表示してあります。

ISBN978-4-297-12693-3　C3055
Printed in Japan